普通高校“十三五”实用规划教材——公共基础系列

工程数学　线性代数

(第2版)

纪德云　关　凯　主　编

罗　蕾　马　鸿　副主编

清华大学出版社

北　京

内 容 简 介

“线性代数”课程是理工科学生的公共课程。本书内容包括行列式、矩阵、线性方程组、向量、矩阵的相似及二次型等。编写中强调实用性和通用性，力求概念准确，内容易懂。在例题的选取上注重典型性、代表性和实用性。

本书可作为各高等院校工、农、医等专业本、专科学生的学习教材，也可作为研究生、教师和科技人员的学习参考书。

图书在版编目(CIP)数据

工程数学 线性代数/纪德云，关凯主编. —2 版. —北京：清华大学出版社，2017(2024.12重印)
(普通高校“十三五”实用规划教材——公共基础系列)
ISBN 978-7-302-47904-8

Ⅰ. ①工… Ⅱ. ①纪… ②关… Ⅲ. ①工程数学—高等学校—教材 ②线性代数—高等学校—教材 Ⅳ. ①TB11 ②O151.2

中国版本图书馆 CIP 数据核字(2017)第 193447 号

责任编辑： 秦 甲
封面设计： 刘孝琼
责任校对： 吴春华
责任印制： 曹婉颖

出版发行： 清华大学出版社
网 址： https://www.tup.com.cn，https://www.wqxuetang.com
地 址： 北京清华大学学研大厦 A 座 **邮 编：** 100084
社 总 机： 010- 83470000 **邮 购：** 010-62786544
投稿与读者服务： 010-62776969, c-service@tup.tsinghua.edu.cn
质量反馈： 010-62772015, zhiliang@tup.tsinghua.edu.cn
课件下载： https://www.tup.com.cn, 010-62791865

印 装 者： 大厂回族自治县彩虹印刷有限公司
经 销： 全国新华书店
开 本： 185mm×260mm **印 张：** 9 **字 数：** 215 千字
版 次： 2005 年 4 月第 1 版 2017 年 9 月第 2 版 **印 次：** 2024 年12月第 9 次印刷
定 价： 29.00元

产品编号：073587-01

前　　言

随着科学技术的不断发展以及交叉学科的进一步融合，线性代数涉及的许多内容，如行列式、矩阵、线性方程组的最优解、特征值与特征向量及二次型等，在理、工、农、医、经济、管理等领域的理论研究与实际应用中都发挥着重要的作用。

第 2 版是对 2015 年 4 月第 1 版的修订。修正了第 1 版的一些错误与不妥之处，基本保持了第 1 版的风格与体系。“线性代数”课程是普通高校各专业大学生必修的一门数学基础理论课程，本课程不仅可为学生进一步学习提供必要的数学基础，而且能使学生的抽象思维能力得到进一步训练，同时它还可为后续专业课程的学习奠定理论基础。通过学习本课程，学生能够不断增强创新意识，全面提高学生运用数学方法分析问题、解决问题的能力。

本书根据教育部《高等教育面向 21 世纪教学内容和课程体系改革计划》的精神和要求，总结作者多年讲授线性代数课程的实践经验编写而成。编写中本着重视概念、侧重计算、强调应用的指导思想，力求做到结构严谨、概念准确、由浅入深、简洁明白、通俗易懂、适于自学。

本书在第 1 版的基础上进行了修改，参加第 2 版修订工作的有，关凯老师(执笔第 1 章、第 4 章)，罗蕾老师(执笔第 2 章、第 3 章)，马鸿老师(执笔第 5 章)，纪德云老师(执笔第 6 章)，最后由纪德云老师修改定稿。在修订过程中，承蒙马毅老师的大力帮助，在此表示衷心感谢！

由于编者水平有限，书中难免还有不妥之处，敬请读者批评指正。

编　者

目　　录

第1章 行 列 式

最初的行列式理论是人们从求解线性方程组的过程中建立和发展起来的，它在线性代数以及其他数学分支上都有着广泛的应用。本章我们主要讨论以下几个问题。

(1) 行列式的定义；

(2) 行列式的基本性质及计算方法；

(3) 利用行列式求解线性方程组(克莱姆法则)。

1.1 二阶与三阶行列式

设有二元线性方程组

$$\left.\begin{aligned} a_{11}x_1 + a_{12}x_2 = b_1 \\ a_{21}x_1 + a_{22}x_2 = b_2 \end{aligned}\right\} \tag{1.1}$$

使用加减消元法求解该方程组未知数 x_1, x_2 的值，当 $a_{11}a_{22} - a_{12}a_{21} \neq 0$ 时，可得

$$\left.\begin{aligned} x_1 = \frac{b_1a_{22} - a_{12}b_2}{a_{11}a_{22} - a_{12}a_{21}} \\ x_2 = \frac{a_{11}b_2 - b_1a_{21}}{a_{11}a_{22} - a_{12}a_{21}} \end{aligned}\right\} \tag{1.2}$$

这就是求解二元线性方程组的一般公式。但这个公式很繁杂，不容易记忆。为此我们引入新的运算符号来表示式(1.2)这个结果，这就是行列式的起源。我们称

$$\begin{vmatrix} a_{11} & a_{12} \\ a_{21} & a_{22} \end{vmatrix} = a_{11}a_{22} - a_{12}a_{21}$$

为二阶行列式。它含有两行两列。横排称为行，竖排称为列。

数 a_{ij} (i=1,2；j=1,2)为二阶行列式的元素，元素 a_{ij} 的第一个下标 i 表示这个元素所在的行数，称为行标；第二个下标 j 表示这个元素所在的列数，称为列标。

从上述定义得知，二阶行列式是这样两项的代数和：$a_{11}a_{22}$ 是从左上角到右下角的对角线(又叫行列式的主对角线)上两个元素的乘积，取正号；$a_{12}a_{21}$ 是从右上角到左下角的对

角线(又叫次对角线)上两个元素的乘积，取负号。可参考图 1.1 来记忆。

$$-\begin{vmatrix} a_{11} & a_{12} \\ a_{21} & a_{22} \end{vmatrix}+ = a_{11}a_{22} - a_{12}a_{21}$$

图 1.1

根据二阶行列式的定义，式(1.2)中的两个分子也可写成二阶行列式，即

$$b_1a_{22} - a_{12}b_2 = \begin{vmatrix} b_1 & a_{12} \\ b_2 & a_{22} \end{vmatrix}$$

$$a_{11}b_2 - b_1a_{21} = \begin{vmatrix} a_{11} & b_1 \\ a_{21} & b_2 \end{vmatrix}$$

设

$$D = \begin{vmatrix} a_{11} & a_{12} \\ a_{21} & a_{22} \end{vmatrix}，\quad D_1 = \begin{vmatrix} b_1 & a_{12} \\ b_2 & a_{22} \end{vmatrix}，\quad D_2 = \begin{vmatrix} a_{11} & b_1 \\ a_{21} & b_2 \end{vmatrix}$$

当 $D \neq 0$ 时，则方程组(1.1)的解的表达式(1.2)可以表示成

$$x_1 = \frac{D_1}{D} = \frac{\begin{vmatrix} b_1 & a_{12} \\ b_2 & a_{22} \end{vmatrix}}{\begin{vmatrix} a_{11} & a_{12} \\ a_{21} & a_{22} \end{vmatrix}}，\quad x_2 = \frac{D_2}{D} = \frac{\begin{vmatrix} a_{11} & b_1 \\ a_{21} & b_2 \end{vmatrix}}{\begin{vmatrix} a_{11} & a_{12} \\ a_{21} & a_{22} \end{vmatrix}} \tag{1.3}$$

式(1.3)中分母的行列式 D 是由方程组(1.1)中未知数的系数按其原有的相对位置排成的，称 D 为系数行列式；x_1 的分子行列式 D_1 可以看成是把系数行列式 D 的第 1 列换成方程组(1.1)中的常数项得到的，而 x_2 的分子行列式 D_2 则可以看成是把系数行列式 D 的第 2 列换成式(1.1)中的常数项得到的。

例 1.1　用二阶行列式解线性方程组

$$\begin{cases} x_1 + 2x_2 = 4 \\ 3x_1 + \ \ x_2 = 7 \end{cases}$$

解　由于

$$D = \begin{vmatrix} 1 & 2 \\ 3 & 1 \end{vmatrix} = 1\times1 - 2\times3 = -5 \neq 0$$

$$D_1 = \begin{vmatrix} 4 & 2 \\ 7 & 1 \end{vmatrix} = 4\times1 - 2\times7 = -10$$

$$D_2 = \begin{vmatrix} 1 & 4 \\ 3 & 7 \end{vmatrix} = 1\times7 - 4\times3 = -5$$

因此

$$x_1 = \frac{D_1}{D} = 2，\quad x_2 = \frac{D_2}{D} = 1$$

对于三元一次线性方程组

$$\left.\begin{aligned}a_{11}x_1+a_{12}x_2+a_{13}x_3=b_1\\a_{21}x_1+a_{22}x_2+a_{23}x_3=b_2\\a_{31}x_1+a_{32}x_2+a_{33}x_3=b_3\end{aligned}\right\}\tag{1.4}$$

可引入三阶行列式的概念。我们称

$$\begin{vmatrix}a_{11}&a_{12}&a_{13}\\a_{21}&a_{22}&a_{23}\\a_{31}&a_{32}&a_{33}\end{vmatrix}=a_{11}a_{22}a_{33}+a_{12}a_{23}a_{31}+a_{13}a_{21}a_{32}-a_{11}a_{23}a_{32}-a_{12}a_{21}a_{33}-a_{13}a_{22}a_{31}\tag{1.5}$$

为三阶行列式。它有三行三列，共六项的代数和。这六项的和也可用对角线法则来记忆：从左上角到右下角三个元素的乘积取正号，从右上角到左下角三个元素的乘积取负号，如图 1.2 所示。

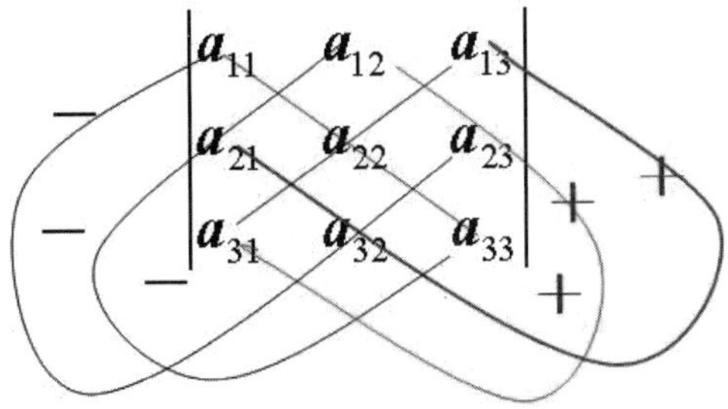

$$=a_{11}a_{22}a_{33}+a_{12}a_{23}a_{31}+a_{13}a_{21}a_{32}-a_{11}a_{23}a_{32}-a_{12}a_{21}a_{33}-a_{13}a_{22}a_{31}$$

图 1.2

对于三元一次线性方程组(1.4)的求解，也有类似二元线性方程组的解的表达式(1.3)的结论。

设

$$D=\begin{vmatrix}a_{11}&a_{12}&a_{13}\\a_{21}&a_{22}&a_{23}\\a_{31}&a_{32}&a_{33}\end{vmatrix},\quad D_1=\begin{vmatrix}b_1&a_{12}&a_{13}\\b_2&a_{22}&a_{23}\\b_3&a_{32}&a_{33}\end{vmatrix},\quad D_2=\begin{vmatrix}a_{11}&b_1&a_{13}\\a_{21}&b_2&a_{23}\\a_{31}&b_3&a_{33}\end{vmatrix},\quad D_3=\begin{vmatrix}a_{11}&a_{12}&b_1\\a_{21}&a_{22}&b_2\\a_{31}&a_{32}&b_3\end{vmatrix}$$

当 $D\neq 0$ 时，方程组(1.4)有解，且解可简单地表示成

$$x_1=\frac{D_1}{D},\quad x_2=\frac{D_2}{D},\quad x_3=\frac{D_3}{D}\tag{1.6}$$

例 1.2　计算 $D=\begin{vmatrix}1&2&3\\3&1&2\\2&3&1\end{vmatrix}$

解　由三阶行列式的定义得

$$\begin{aligned}D&=1\times1\times1+2\times2\times2+3\times3\times3-3\times1\times2-2\times3\times1-1\times3\times2\\&=1+8+27-6-6-6\\&=18\end{aligned}$$

例 1.3　解线性方程组

$$\begin{cases} x_1+2x_2+4x_3=31 \\ 5x_1+\ x_2+2x_3=29 \\ 3x_1-\ x_2+\ x_3=10 \end{cases}$$

解

$$D=\begin{vmatrix} 1 & 2 & 4 \\ 5 & 1 & 2 \\ 3 & -1 & 1 \end{vmatrix}=-27\neq 0，\qquad D_1=\begin{vmatrix} 31 & 2 & 4 \\ 29 & 1 & 2 \\ 10 & -1 & 1 \end{vmatrix}=-81$$

$$D_2=\begin{vmatrix} 1 & 31 & 4 \\ 5 & 29 & 2 \\ 3 & 10 & 1 \end{vmatrix}=-108，\qquad D_3=\begin{vmatrix} 1 & 2 & 31 \\ 5 & 1 & 29 \\ 3 & -1 & 10 \end{vmatrix}=-135$$

由式(1.6)得

$$\begin{cases} x_1=\dfrac{D_1}{D}=\dfrac{-81}{-27}=3 \\ x_2=\dfrac{D_2}{D}=\dfrac{-108}{-27}=4 \\ x_3=\dfrac{D_2}{D}=\dfrac{-135}{-27}=5 \end{cases}$$

例 1.4　a,b 满足什么条件时有

$$\begin{vmatrix} a & b & 0 \\ -b & a & 0 \\ 1 & 0 & 1 \end{vmatrix}=0\ \ (其中\ a,b\ 均为实数)$$

解

$$\begin{vmatrix} a & b & 0 \\ -b & a & 0 \\ 1 & 0 & 1 \end{vmatrix}=a^2+b^2$$

由题知 $a^2+b^2=0$，所以 a、b 须同时等于 0。

因此，当 $a=0$ 且 $b=0$ 时，给定的行列式等于 0。

1.2　排　　列

为了研究更为一般的线性方程组的求解公式，我们需要引入 n 阶行列式的概念，为此先介绍排列的一些基本知识。

定义 1.1　由数码 $1,2,3,\cdots,n$ 组成的一个有序数组称为一个 n 阶**排列**。

例如，12345 是一个五阶排列，32415 也是一个五阶排列，而 312 是一个三阶排列。

排列是有序数组，同一组数码的排列顺序不同就会得到不同的排列，例如由数码 1,2,3 组成的所有三阶排列为 123、132、213、231、312、321，共有 3!=6 个。

我们把数字由小到大的 n 阶排列 $1234\cdots n$ 称为**自然序排列**。

定义 1.2　在一个 n 阶排列 $i_1i_2\cdots i_n$ 中，如果有较大的数 i_t 排在较小的数 i_s 的前面 $(i_s<i_t)$，则称 i_t 与 i_s 构成一个**逆序**，一个 n 阶排列中逆序的总数，称为这个排列的**逆序**

数，记为$\tau(i_1 i_2 \cdots i_n)$。

例如，在三阶排列 312 中，3 与 1、3 与 2 各构成一个逆序数，所以，排列 312 的逆序数为 2。同理，321 的逆序数为 3。

显然，自然序排列的逆序数为 0。

定义 1.3 如果排列$i_1 i_2 \cdots i_n$的逆序数是奇数，则称此排列为**奇排列**；逆序数是偶数的排列则称为**偶排列**。

例如，排列 312 是偶排列，排列 321 是奇排列，自然序排列 $123\cdots n$ 是偶排列。

定义 1.4 在一个n阶排列$i_1 \cdots i_s \cdots i_t \cdots i_n$中，如果其中某两个数$i_s$与$i_t$对调位置，其余各数位置不变，就得到另一个新的$n$阶排列$i_1 \cdots i_t \cdots i_s \cdots i_n$，这样的变换称为一个对换，记作$(i_s, i_t)$。

例如，排列 312 是偶排列，将排列中的 1 和 2 对换后，得到新的排列 321，由前得知，321 是奇排列；反之亦然。

一般来说，有以下定理。

定理 1.1 任一排列经过一次对换后，其奇偶性改变。

证明 略

定理 1.2 任一n阶排列$i_1 i_2 \cdots i_n$都可通过一系列对换与n阶自然序排列 $123\cdots n$ 互变，且所作对换的次数与这个n阶排列有相同的奇偶性。

证明 略

1.3 *n* 阶行列式

为了引入n阶行列式的定义。我们来观察 1.1 节中二阶、三阶行列式定义的特征。

已知二阶与三阶行列式分别为

$$\begin{vmatrix} a_{11} & a_{12} \\ a_{21} & a_{22} \end{vmatrix} = a_{11}a_{22} - a_{12}a_{21}$$

$$\begin{vmatrix} a_{11} & a_{12} & a_{13} \\ a_{21} & a_{22} & a_{23} \\ a_{31} & a_{32} & a_{33} \end{vmatrix} = a_{11}a_{22}a_{33} + a_{12}a_{23}a_{31} + a_{13}a_{21}a_{32} - a_{11}a_{23}a_{32} - a_{12}a_{21}a_{33} - a_{13}a_{22}a_{31}$$

通过仔细观察，从中可以发现以下规律。

(1) 在二阶行列式的代数和中，项的个数是 2!；在三阶行列式的代数和中，项的个数是 3!。

(2) 二阶行列式中的每一项都是取自不同的行和不同的列的两个元素的乘积，三阶行列式中的每一项都是取自不同的行和不同的列的三个元素的乘积。

(3) 每一项的符号有如下规律：当这一项中元素的行标是按自然序排列时，如果元素的列标为偶排列，则取正号；为奇排列，则取负号。

由二阶、三阶行列式定义进行推广，n阶行列式的定义如下。

定义 1.5 由n^2个元素$a_{ij}\,(i, j = 1, 2, \cdots, n)$排成$n$行$n$列，称

$$\begin{vmatrix} a_{11} & a_{12} & \cdots & a_{1n} \\ a_{21} & a_{22} & \cdots & a_{2n} \\ \vdots & \vdots & & \vdots \\ a_{n1} & a_{n2} & \cdots & a_{nn} \end{vmatrix}$$

为 n 阶行列式。它是 $n!$ 项的代数和，每一项是取自不同行和不同列的 n 个元素的乘积，各项的符号有如下规律：每一项中各元素的行标排成自然序排列，如果列标的排列为偶排列，则取正号；为奇排列，则取负号。于是得

$$\begin{vmatrix} a_{11} & a_{12} & \cdots & a_{1n} \\ a_{21} & a_{22} & \cdots & a_{2n} \\ \vdots & \vdots & & \vdots \\ a_{n1} & a_{n2} & \cdots & a_{nn} \end{vmatrix} = \sum_{j_1 j_2 \cdots j_n} (-1)^{\tau(j_1 j_2 \cdots j_n)} a_{1j_1} a_{2j_2} \cdots a_{nj_n} \tag{1.7}$$

其中，$\sum\limits_{j_1 j_2 \cdots j_n}$ 表示对所有的 n 阶排列 $j_1 j_2 \cdots j_n$ 求和。式(1.7)称为 n 阶行列式按行标自然顺序排列的展开式，其中 $j_1 j_2 j_3 \cdots j_n$ 为自然数 $1,2,\cdots,n$ 的一个排列，$\tau(j_1 j_2 \cdots j_n)$ 为这个排列的逆序数，$(-1)^{\tau(j_1 j_2 \cdots j_n)} a_{1j_1} a_{2j_2} \cdots a_{nj_n}$ 称为**行列式的一般项。**

当 $n=2,3$ 时，这样定义的二阶、三阶行列式与前面 1.1 节中用对角线法则定义的是一致的。

注 当 $n=1$ 时，一阶行列式为 $|a_{11}| = a_{11}$，此时不要与绝对值符号混淆。

例 1.5 在五阶行列式中，$a_{12}a_{23}a_{35}a_{41}a_{54}$ 这一项应取什么符号？

解 这一项各元素的行标是按自然顺序排列的，而列标的排列为 23514。这个排列的逆序数为 4，故这一项应取正号。

例 1.6 写出四阶行列式中，带负号且包含因子 $a_{11}a_{23}$ 的项。

解 包含因子 $a_{11}a_{23}$ 项的一般形式为 $(-1)^{\tau(j_1 j_2 j_3 j_4)} a_{11}a_{23}a_{3j_3}a_{4j_4}$。

按定义，j_3 可取 2 或 4，j_4 可取 4 或 2，因此包含因子 $a_{11}a_{23}$ 的项只能是 $a_{11}a_{23}a_{32}a_{44}$ 或 $a_{11}a_{23}a_{34}a_{42}$，但因 1324 这个排列的逆序数 1 为奇数，1342 这个排列的逆序数 2 为偶数，所以此项只能是 $-a_{11}a_{23}a_{32}a_{44}$。

例 1.7 计算 $D = \begin{vmatrix} a & b & 0 & 0 \\ c & d & 0 & 0 \\ x & y & e & f \\ u & v & g & h \end{vmatrix}$

解 这是一个四阶行列式，按行列式的定义，它应有 4!=24 项。但只有 $adeh$、$adfg$、$bceh$、$bcfg$ 不为 0。与上述四项相对应的列标的四阶排列分别为 1234、1243、2134，2143，它们的逆序数分别为 0、1、1、2，所以第一项和第四项应取正号，第二项和第三项应取负号，即

$$\begin{vmatrix} a & b & 0 & 0 \\ c & d & 0 & 0 \\ x & y & e & f \\ u & v & g & h \end{vmatrix} = adeh - adfg - bceh + bcfg$$

例 1.8 计算上三角形行列式

$$D=\begin{vmatrix} a_{11} & a_{12} & \cdots & a_{1n} \\ 0 & a_{22} & \cdots & a_{2n} \\ \vdots & \vdots & & \vdots \\ 0 & 0 & \cdots & a_{nn} \end{vmatrix}$$

其中，$a_{ii}\neq 0\ (i=1,2,\cdots,n)$。

解 由n阶行列式的定义，D应有$n!$项代数和，其一般项为

$$a_{1j_1}a_{2j_2}\cdots a_{nj_n}$$

但由于D中有许多元素为0，因此只需求出上述一般项中不为0的项即可。

在D中，第n行元素除a_{nn}外，其余均为0，所以$j_n=n$；在第$n-1$行中，去除与a_{nn}同行及同列的元素后，不为0的元素只有$a_{n-1,n-1}$。同理逐步上推，可以看出，在展开式中只有$a_{11}a_{22}\cdots a_{nn}$一项不等于0。而这项的列标所组成的排列的逆序数是0，所以取正号。因此，由行列式的定义可推出

$$D=\begin{vmatrix} a_{11} & a_{12} & \cdots & a_{1n} \\ 0 & a_{22} & \cdots & a_{2n} \\ \vdots & \vdots & & \vdots \\ 0 & 0 & \cdots & a_{nn} \end{vmatrix}=a_{11}a_{22}\cdots a_{nn}$$

即上三角形行列式的值等于主对角线上各元素的乘积。

例 1.9 计算 $D=\begin{vmatrix} a_{11} & \cdots & a_{1n-1} & a_{1n} \\ a_{21} & \cdots & a_{2n-1} & 0 \\ \vdots & & \vdots & \vdots \\ a_{n1} & 0 & 0 & 0 \end{vmatrix}$。

解 方法同例 1.8，D中只有一项$a_{1n}a_{2n-1}\cdots a_{n1}$不等于0，且列标构成排列的逆序数为

$$\tau=1+2+\cdots+(n-1)=\frac{n(n-1)}{2}$$

故$D=(-1)^{\tau}a_{1n}a_{2n-1}\cdots a_{n1}=(-1)^{\frac{n(n-1)}{2}}a_{1n}a_{2n-1}\cdots a_{n1}$。

同理可推得以下结论：

$$\begin{vmatrix} a_{11} & 0 & \cdots & 0 \\ a_{21} & a_{22} & \cdots & 0 \\ \vdots & \vdots & & \vdots \\ a_{n1} & a_{n2} & \cdots & a_{nn} \end{vmatrix}=a_{11}a_{22}\cdots a_{nn}$$

$$\begin{vmatrix} a_{11} & 0 & \cdots & 0 \\ 0 & a_{22} & \cdots & 0 \\ \vdots & \vdots & & \vdots \\ 0 & 0 & \cdots & a_{nn} \end{vmatrix}=a_{11}a_{22}\cdots a_{nn}$$

$$\begin{vmatrix} 0 & \cdots & 0 & a_{1n} \\ 0 & \cdots & a_{2n-1} & a_{2n} \\ \vdots & & \vdots & \vdots \\ a_{n1} & \cdots & a_{nn-1} & a_{nn} \end{vmatrix} = (-1)^{\frac{n(n-1)}{2}} a_{1n}a_{2n-1}\cdots a_{n1}$$

$$\begin{vmatrix} 0 & 0 & \cdots & 0 & a_{1n} \\ 0 & 0 & \cdots & a_{2n-1} & 0 \\ \vdots & \vdots & & \vdots & \vdots \\ a_{n1} & 0 & \cdots & 0 & 0 \end{vmatrix} = (-1)^{\frac{n(n-1)}{2}} a_{1n}a_{2n-1}\cdots a_{n1}$$

由n阶行列式的定义可知，行列式中的每一项都是取自不同行不同列的n个元素的乘积，所以如果行列式某一行(列)的元素全为0，则该行列式必等于0。

数的乘法是满足交换律的，所以n阶行列式的项也可以写成

$$a_{i_1j_1}a_{i_2j_2}\cdots a_{i_nj_n} \tag{1.8}$$

其中，$i_1i_2\cdots i_n$、$j_1j_2\cdots j_n$是两个n阶排列，它的符号由下面的定理来决定。

定理1.3　n阶行列式的一般项可以写成

$$(-1)^{\tau(i_1i_2\cdots i_n)+\tau(j_1j_2\cdots j_n)}a_{i_1j_1}a_{i_2j_2}\cdots a_{i_nj_n} \tag{1.9}$$

证明　若根据n阶行列式的定义来决定式(1.8)的符号，就要把这n个元素重新排列，使得它们的行标成自然顺序，也就是排成

$$a_{1j_1}a_{2j_2}\cdots a_{nj_n} \tag{1.10}$$

于是它的符号就是$(-1)^{\tau(j_1j_2\cdots j_n)}$。

现在来证明式(1.7)与式(1.9)是一致的。我们知道从式(1.8)变到式(1.10)可经过一系列元素的对换来实现。每作一次对换，元素的行标与列标所组成的排列$i_1i_2\cdots i_n$，$j_1j_2\cdots j_n$就同时作一次对换，因而它的逆序数之和$\tau(i_1i_2\cdots i_n)+\tau(j_1j_2\cdots j_n)$的奇偶性不改变。

由此，n阶行列式的定义又可叙述为

$$\begin{vmatrix} a_{11} & a_{12} & \cdots & a_{1n} \\ a_{21} & a_{22} & \cdots & a_{2n} \\ \vdots & \vdots & & \vdots \\ a_{n1} & a_{n2} & \cdots & a_{nn} \end{vmatrix} = \sum (-1)^{\tau(i_1i_2\cdots i_n)+\tau(j_1j_2\cdots j_n)}a_{i_1j_1}a_{i_2j_2}\cdots a_{i_nj_n}$$

1.4　行列式的性质

当行列式的阶数较高时，根据定义手工计算n阶行列式的值是十分烦琐和困难的。要研究行列式的性质，就要将复杂的行列式转化为较简单的行列式(如上三角形行列式等)来计算，同时行列式的性质在理论上也相当重要。

将行列式D的行与列互换后得到的行列式，记作D^{T}，即

若

$$D=\begin{vmatrix} a_{11} & a_{12} & \cdots & a_{1n} \\ a_{21} & a_{22} & \cdots & a_{2n} \\ \vdots & \vdots & & \vdots \\ a_{n1} & a_{n2} & \cdots & a_{nn} \end{vmatrix}$$

则

$$D^{\mathrm{T}}=\begin{vmatrix} a_{11} & a_{21} & \cdots & a_{n1} \\ a_{12} & a_{22} & \cdots & a_{n2} \\ \vdots & \vdots & & \vdots \\ a_{1n} & a_{2n} & \cdots & a_{nn} \end{vmatrix}$$

行列式 D^{T} 称为行列式 D 的**转置行列式**。

反之，行列式 D 也是行列式 D^{T} 的转置行列式，即行列式 D 与行列式 D^{T} 互为转置行列式。

性质 1.1 行列式 D 与它的转置行列式 D^{T} 的值相等。

证明 行列式 D 中的元素 $a_{ij}\,(i,j=1,2,\cdots,n)$ 在 D^{T} 中位于第 j 行第 i 列上，也就是说它的行标是 j，列标是 i，因此，将行列式 D^{T} 按列自然序排列展开，得

$$D^{\mathrm{T}}=\sum_{j_1j_2\cdots j_n}(-1)^{\tau(j_1j_2\cdots j_n)}a_{1j_1}a_{2j_2}\cdots a_{nj_n}$$

这正是行列式 D 按行自然序排列的展开式，所以 $D=D^{\mathrm{T}}$。

性质 1.1 表明，行列式中行、列的地位是对称的，即对于“行”成立的性质，对“列”也同样成立；反之亦然。

性质 1.2 交换行列式的两行(列)，行列式变号。

证明 设行列式

$$D=\begin{vmatrix} a_{11} & a_{12} & \cdots & a_{1n} \\ \vdots & \vdots & & \vdots \\ a_{i1} & a_{i2} & \cdots & a_{in} \\ \vdots & \vdots & & \vdots \\ a_{s1} & a_{s2} & \cdots & a_{sn} \\ \vdots & \vdots & & \vdots \\ a_{n1} & a_{n2} & \cdots & a_{nn} \end{vmatrix}\begin{matrix} \\ \\ (i\text{行}) \\ \\ (s\text{行}) \\ \\ \\ \end{matrix}$$

将第 i 行与第 s 行 $(1\leqslant i<s\leqslant n)$ 互换后，得到行列式

$$D_1=\begin{vmatrix} a_{11} & a_{12} & \cdots & a_{1n} \\ \vdots & \vdots & & \vdots \\ a_{s1} & a_{s2} & \cdots & a_{sn} \\ \vdots & \vdots & & \vdots \\ a_{i1} & a_{i2} & \cdots & a_{in} \\ \vdots & \vdots & & \vdots \\ a_{n1} & a_{n2} & \cdots & a_{nn} \end{vmatrix}\begin{matrix} \\ \\ (i\text{行}) \\ \\ (s\text{行}) \\ \\ \\ \end{matrix}$$

显然，乘积 $a_{1j_1}\cdots a_{ij_i}\cdots a_{sj_s}\cdots a_{nj_n}$ 在行列式 D 和 D_1 中，都是取自不同行、不同列的 n 个元素的乘积。根据1.3节定理1.3，对于行列式 D，这一项的符号由 $(-1)^{\tau(1\cdots i\cdots s\cdots n)+\tau(j_1\cdots j_i\cdots j_s\cdots j_n)}$ 决定；而对于行列式 D_1，这一项的符号由 $(-1)^{\tau(1\cdots s\cdots i\cdots n)+\tau(j_1\cdots j_s\cdots j_i\cdots j_n)}$ 决定。由于排列 $1\cdots i\cdots s\cdots n$ 与排列 $1\cdots s\cdots i\cdots n$ 的奇偶性相反，所以 D_1 中的每一项都是 D 中的对应项的相反数，即 $D=-D_1$。

注　互换 i、j 两行(列)的运算记为 $r_i\leftrightarrow r_j$ $(c_i\leftrightarrow c_j)$。

例 1.10　计算 $D=\begin{vmatrix}0&1&0&3\\0&2&2&1\\3&2&1&4\\0&0&0&1\end{vmatrix}$。

解　将第2、3列互换，得

$$D=(-1)\begin{vmatrix}0&0&1&3\\0&2&2&1\\3&1&2&4\\0&0&0&1\end{vmatrix}$$

再将第1、3行互换，得

$$D=(-1)^2\begin{vmatrix}3&1&2&4\\0&2&2&1\\0&0&1&3\\0&0&0&1\end{vmatrix}=6$$

推论　若行列式有两行(列)的对应元素相同，则此行列式的值等于0。

性质 1.3　行列式中某一行(列)所有元素的公因子可以提到行列式符号的外面，即

$$\begin{vmatrix}a_{11}&a_{12}&\cdots&a_{1n}\\\vdots&\vdots&&\vdots\\ka_{i1}&ka_{i2}&\cdots&ka_{in}\\\vdots&\vdots&&\vdots\\a_{n1}&a_{n2}&\cdots&a_{nn}\end{vmatrix}=k\begin{vmatrix}a_{11}&a_{12}&\cdots&a_{1n}\\\vdots&\vdots&&\vdots\\a_{i1}&a_{i2}&\cdots&a_{in}\\\vdots&\vdots&&\vdots\\a_{n1}&a_{n2}&\cdots&a_{nn}\end{vmatrix}$$

证明　由行列式的定义有

$$\begin{aligned}\text{左端}&=\sum_{j_1j_2\cdots j_n}(-1)^{\tau(j_1j_2\cdots j_n)}a_{1j_1}\cdots(ka_{ij_i})\cdots a_{nj_n}\\&=k\sum_{j_1j_2\cdots j_n}(-1)^{\tau(j_1j_2\cdots j_n)}a_{1j_1}\cdots a_{ij_i}\cdots a_{nj_n}\\&=\text{右端}\end{aligned}$$

此性质也可表述为：用数 k 乘行列式的某一行(列)的所有元素，等于用数 k 乘此行列式。

注　(1) 从第 i 行(列)提取公因子 k 的运算记为 $r_i\times\frac{1}{k}\left(c_i\times\frac{1}{k}\right)$。

(2) 提取公因子时不需要行列式中所有元素都有公因子，只要行列式某一行(列)中的所有元素有公因子，就可以将其提取到行列式符号的外面。

推论　如果行列式中有两行(列)的对应元素成比例，则此行列式的值等于0。

例 1.11 计算 $D=\begin{vmatrix} ab & ac & ae \\ bd & cd & de \\ bf & cf & -ef \end{vmatrix}$。

解

$$D=\begin{vmatrix} ab & ac & ae \\ bd & cd & de \\ bf & cf & -ef \end{vmatrix}=adf\begin{vmatrix} b & c & e \\ b & c & e \\ b & c & -e \end{vmatrix}=0$$

性质 1.4 如果行列式的某一行(列)的各元素都是两个数的和，则此行列式等于两个相应的行列式的和，即

$$\begin{vmatrix} a_{11} & a_{12} & \cdots & a_{1n} \\ \vdots & \vdots & & \vdots \\ b_{i1}+c_{i1} & b_{i2}+c_{i2} & \cdots & b_{in}+c_{in} \\ \vdots & \vdots & & \vdots \\ a_{n1} & a_{n2} & \cdots & a_{nn} \end{vmatrix}=\begin{vmatrix} a_{11} & a_{12} & \cdots & a_{1n} \\ \vdots & \vdots & & \vdots \\ b_{i1} & b_{i2} & \cdots & b_{in} \\ \vdots & \vdots & & \vdots \\ a_{n1} & a_{n2} & \cdots & a_{nn} \end{vmatrix}+\begin{vmatrix} a_{11} & a_{12} & \cdots & a_{1n} \\ \vdots & \vdots & & \vdots \\ c_{i1} & c_{i2} & \cdots & c_{in} \\ \vdots & \vdots & & \vdots \\ a_{n1} & a_{n2} & \cdots & a_{nn} \end{vmatrix}$$

证明 左端 $=\sum\limits_{j_1j_2\cdots j_n}(-1)^{\tau(j_1j_2\cdots j_n)}a_{1j_1}a_{2j_2}\cdots(b_{ij_i}+c_{ij_i})\cdots a_{nj_n}$

$$=\sum_{j_1j_2\cdots j_n}(-1)^{\tau(j_1j_2\cdots j_n)}a_{1j_1}a_{2j_2}\cdots b_{ij_i}\cdots a_{nj_n}+\sum_{j_1j_2\cdots j_n}(-1)^{\tau(j_1j_2\cdots j_n)}a_{1j_1}a_{2j_2}\cdots c_{ij_i}\cdots a_{nj_n}$$

$$=\begin{vmatrix} a_{11} & a_{12} & \cdots & a_{1n} \\ \vdots & \vdots & & \vdots \\ b_{i1} & b_{i2} & \cdots & b_{in} \\ \vdots & \vdots & & \vdots \\ a_{n1} & a_{n2} & \cdots & a_{nn} \end{vmatrix}+\begin{vmatrix} a_{11} & a_{12} & \cdots & a_{1n} \\ \vdots & \vdots & & \vdots \\ c_{i1} & c_{i2} & \cdots & c_{in} \\ \vdots & \vdots & & \vdots \\ a_{n1} & a_{n2} & \cdots & a_{nn} \end{vmatrix}$$

=右端

性质 1.5 把行列式的某一行(列)的所有元素乘以数 k 加到另一行(列)的相应元素上，行列式的值不变。即

$$D=\begin{vmatrix} a_{11} & a_{12} & \cdots & a_{1n} \\ \vdots & \vdots & & \vdots \\ a_{i1} & a_{i2} & \cdots & a_{in} \\ \vdots & \vdots & & \vdots \\ a_{s1} & a_{s2} & \cdots & a_{sn} \\ \vdots & \vdots & & \vdots \\ a_{n1} & a_{n2} & \cdots & a_{nn} \end{vmatrix}\xlongequal[\text{加到第}s\text{行}]{\text{第}i\text{行}\times k}\begin{vmatrix} a_{11} & a_{12} & \cdots & a_{1n} \\ \vdots & \vdots & & \vdots \\ a_{i1} & a_{i2} & \cdots & a_{in} \\ \vdots & \vdots & & \vdots \\ ka_{i1}+a_{s1} & ka_{i2}+a_{s2} & \cdots & ka_{in}+a_{sn} \\ \vdots & \vdots & & \vdots \\ a_{n1} & a_{n2} & \cdots & a_{nn} \end{vmatrix}$$

证明 由性质 1.4，有

$$右端=\begin{vmatrix} a_{11} & a_{12} & \cdots & a_{1n} \\ \vdots & \vdots & & \vdots \\ a_{i1} & a_{i2} & \cdots & a_{in} \\ \vdots & \vdots & & \vdots \\ ka_{i1} & ka_{i2} & \cdots & ka_{in} \\ \vdots & \vdots & & \vdots \\ a_{n1} & a_{n2} & \cdots & a_{nn} \end{vmatrix} + \begin{vmatrix} a_{11} & a_{12} & \cdots & a_{1n} \\ \vdots & \vdots & & \vdots \\ a_{i1} & a_{i2} & \cdots & a_{in} \\ \vdots & \vdots & & \vdots \\ a_{s1} & a_{s2} & \cdots & a_{sn} \\ \vdots & \vdots & & \vdots \\ a_{n1} & a_{n2} & \cdots & a_{nn} \end{vmatrix}$$

$$= k\times 0 + \begin{vmatrix} a_{11} & a_{12} & \cdots & a_{1n} \\ \vdots & \vdots & & \vdots \\ a_{i1} & a_{i2} & \cdots & a_{in} \\ \vdots & \vdots & & \vdots \\ a_{s1} & a_{s2} & \cdots & a_{sn} \\ \cdots & \cdots & & \cdots \\ a_{n1} & a_{n2} & \cdots & a_{nn} \end{vmatrix} =左端$$

注　将第 j 行(列)的 k 倍加到第 i 行(列)上的运算记为 $r_i + kr_j$ $(c_i + kc_j)$。

作为行列式性质的应用，我们来看以下几个例子。

例 1.12　计算 $D=\begin{vmatrix} 2 & 1 & 1 & 1 \\ 1 & 2 & 1 & 1 \\ 1 & 1 & 2 & 1 \\ 1 & 1 & 1 & 2 \end{vmatrix}$

解　这个行列式的特点是各行 4 个数的和都是 5，我们把第 2、3、4 各列同时加到第 1 列，把公因子提出，然后把第 1 行乘以-1 加到第 2、3、4 行上就成为三角形行列式。具体计算如下。

$$D \xlongequal[i=2,3,4]{c_1+c_i} \begin{vmatrix} 5 & 1 & 1 & 1 \\ 5 & 2 & 1 & 1 \\ 5 & 1 & 2 & 1 \\ 5 & 1 & 1 & 2 \end{vmatrix} \xlongequal{c_1\times\frac{1}{5}} 5\begin{vmatrix} 1 & 1 & 1 & 1 \\ 1 & 2 & 1 & 1 \\ 1 & 1 & 2 & 1 \\ 1 & 1 & 1 & 2 \end{vmatrix} \xlongequal[i=2,3,4]{r_i-r_1} 5\begin{vmatrix} 1 & 1 & 1 & 1 \\ 0 & 1 & 0 & 0 \\ 0 & 0 & 1 & 0 \\ 0 & 0 & 0 & 1 \end{vmatrix} = 5$$

例 1.13　计算 $D=\begin{vmatrix} 3 & 1 & -1 & 2 \\ -5 & 1 & 3 & -4 \\ 2 & 0 & 1 & -1 \\ 1 & -5 & 3 & -3 \end{vmatrix}$

解

$$D=\begin{vmatrix} 3 & 1 & -1 & 2 \\ -5 & 1 & 3 & -4 \\ 2 & 0 & 1 & -1 \\ 1 & -5 & 3 & -3 \end{vmatrix} \xlongequal[\substack{r_2-r_1\\ r_4+5r_1}]{c_1\leftrightarrow c_2} -\begin{vmatrix} 1 & 3 & -1 & 2 \\ 0 & -8 & 4 & -6 \\ 0 & 2 & 1 & -1 \\ 0 & 16 & -2 & 7 \end{vmatrix} \xlongequal{\substack{r_2\div 2\\ r_2\leftrightarrow r_3}} 2\begin{vmatrix} 1 & 3 & -1 & 2 \\ 0 & 2 & 1 & -1 \\ 0 & -4 & 2 & -3 \\ 0 & 16 & -2 & 7 \end{vmatrix}$$

$$\xlongequal[r_4-8r_2]{r_3+2r_2}2\begin{vmatrix}1&3&-1&2\\0&2&1&-1\\0&0&4&-5\\0&0&-10&15\end{vmatrix}\xlongequal[r_4+\frac{1}{2}r_3]{r_4\div 5}10\begin{vmatrix}1&3&-1&2\\0&2&1&-1\\0&0&4&-5\\0&0&0&1/2\end{vmatrix}=40$$

注　为避免麻烦的分数四则运算，第一步先交换第 1、2 两列，使得第 1 行第 1 列位置的元素置换成 1。这是常用的技巧。

例 1.14　计算 $D_n=\begin{vmatrix}x&a&\cdots&a\\a&x&\cdots&a\\\vdots&\vdots&&\vdots\\a&a&\cdots&x\end{vmatrix}$

解　可以观察到行列式各行元素之和等于 $x+(n-1)a$，有

$$D_n\xlongequal[i=2,3,\cdots,n]{c_1+c_i}\begin{vmatrix}x+(n-1)a&a&\cdots&a\\x+(n-1)a&x&\cdots&a\\\vdots&\vdots&&\vdots\\x+(n-1)a&a&\cdots&x\end{vmatrix}=[x+(n-1)a]\begin{vmatrix}1&a&\cdots&a\\1&x&\cdots&a\\\vdots&\vdots&&\vdots\\1&a&\cdots&x\end{vmatrix}$$

$$\xlongequal[i=2,3,\cdots,n]{r_i-r_1}[x+(n-1)a]\begin{vmatrix}1&a&\cdots&a\\0&x-a&\cdots&0\\\vdots&\vdots&&\vdots\\0&0&\cdots&x-a\end{vmatrix}=[x+(n-1)a](x-a)^{n-1}$$

例 1.15　计算 $D=\begin{vmatrix}a&b&c&d\\a&a+b&a+b+c&a+b+c+d\\a&2a+b&3a+2b+c&4a+3b+2c+d\\a&3a+b&6a+3b+c&10a+6b+3c+d\end{vmatrix}$

解

$$D\xlongequal[r_2-r_1]{\substack{r_4-r_3\\r_3-r_2}}\begin{vmatrix}a&b&c&d\\0&a&a+b&a+b+c\\0&a&2a+b&3a+2b+c\\0&a&3a+b&6a+3b+c\end{vmatrix}\xlongequal[r_3-r_2]{r_4-r_3}\begin{vmatrix}a&b&c&d\\0&a&a+b&a+b+c\\0&0&a&2a+b\\0&0&a&3a+b\end{vmatrix}$$

$$\xlongequal{r_4-r_3}\begin{vmatrix}a&b&c&d\\0&a&a+b&a+b+c\\0&0&a&2a+b\\0&0&0&a\end{vmatrix}=a^4$$

例 1.16　证明 $\begin{vmatrix}a+b&b+c&c+a\\a_1+b_1&b_1+c_1&c_1+a_1\\a_2+b_2&b_2+c_2&c_2+a_2\end{vmatrix}=2\begin{vmatrix}a&b&c\\a_1&b_1&c_1\\a_2&b_2&c_2\end{vmatrix}$

证明

$$
\text{左端}=\begin{vmatrix} a+b & b+c & c+a \\ a_1+b_1 & b_1+c_1 & c_1+a_1 \\ a_2+b_2 & b_2+c_2 & c_2+a_2 \end{vmatrix} \xlongequal{c_2-c_1} \begin{vmatrix} a+b & c-a & c+a \\ a_1+b_1 & c_1-a_1 & c_1+a_1 \\ a_2+b_2 & c_2-a_2 & c_2+a_2 \end{vmatrix}
$$

$$
\xlongequal{c_3+c_2} \begin{vmatrix} a+b & c-a & 2c \\ a_1+b_1 & c_1-a_1 & 2c_1 \\ a_2+b_2 & c_2-a_2 & 2c_2 \end{vmatrix} = 2\begin{vmatrix} a+b & c-a & c \\ a_1+b_1 & c_1-a_1 & c_1 \\ a_2+b_2 & c_2-a_2 & c_2 \end{vmatrix}
$$

$$
\xlongequal{c_2-c_3} 2\begin{vmatrix} a+b & -a & c \\ a_1+b_1 & -a_1 & c_1 \\ a_2+b_2 & -a_2 & c_2 \end{vmatrix} \xlongequal{c_1+c_2} 2\begin{vmatrix} b & -a & c \\ b_1 & -a_1 & c_1 \\ b_2 & -a_2 & c_2 \end{vmatrix} \xlongequal{c_1 \leftrightarrow c_2} 2\begin{vmatrix} a & b & c \\ a_1 & b_1 & c_1 \\ a_2 & b_2 & c_2 \end{vmatrix}
$$

1.5　行列式按行(列)展开

上一节我们通过行列式的性质将复杂的行列式转化为较简单的行列式(如上三角形行列式等)来计算，这一节将研究如何把较高阶的行列式转化为较低阶的行列式来计算。为此，先介绍余子式和代数余子式的概念。

定义 1.6　在 n 阶行列式中，划去元素 a_{ij} 所在的第 i 行和第 j 列后，余下的元素按原来的位置构成一个 $n-1$ 阶行列式，称为元素 a_{ij} 的余子式，记作 M_{ij}；在元素 a_{ij} 的余子式 M_{ij} 前面添上符号 $(-1)^{i+j}$，称为元素 a_{ij} 的代数余子式，记作 A_{ij}，即 $A_{ij}=(-1)^{i+j}M_{ij}$。

例如，在四阶行列式 $D=\begin{vmatrix} a_{11} & a_{12} & a_{13} & a_{14} \\ a_{21} & a_{22} & a_{23} & a_{24} \\ a_{31} & a_{32} & a_{33} & a_{34} \\ a_{41} & a_{42} & a_{43} & a_{44} \end{vmatrix}$ 中，a_{23} 的余子式是

$$
M_{23}=\begin{vmatrix} a_{11} & a_{12} & a_{14} \\ a_{31} & a_{32} & a_{34} \\ a_{41} & a_{42} & a_{44} \end{vmatrix}
$$

a_{23} 的代数余子式是

$$
A_{23}=(-1)^{2+3}M_{23}=-\begin{vmatrix} a_{11} & a_{12} & a_{14} \\ a_{31} & a_{32} & a_{34} \\ a_{41} & a_{42} & a_{44} \end{vmatrix}
$$

定理 1.4　n 阶行列式 D 等于它的任意一行(列)的各元素与其对应的代数余子式的乘积之和，即

$$
D=a_{i1}A_{i1}+a_{i2}A_{i2}+\dots+a_{in}A_{in}\quad(i=1,2,\cdots,n)
$$

或

$$
D=a_{1j}A_{1j}+a_{2j}A_{2j}+\dots+a_{nj}A_{nj}\quad(j=1,2,\cdots,n)
$$

证明　只需证明按行展开的情形，按列展开的情形同理可证。

(1) 首先证明按第 1 行展开的情形。

根据性质 1.4 有

$$D=\begin{vmatrix} a_{11} & a_{12} & \cdots & a_{1n} \\ a_{21} & a_{22} & \cdots & a_{2n} \\ \vdots & \vdots & & \vdots \\ a_{n1} & a_{n2} & \cdots & a_{nn} \end{vmatrix}=\begin{vmatrix} a_{11}+0+\cdots+0 & 0+a_{12}+0+\cdots+0 & \cdots & 0+\cdots+0+a_{1n} \\ a_{21} & a_{22} & \cdots & a_{2n} \\ \vdots & \vdots & & \vdots \\ a_{n1} & a_{n2} & \cdots & a_{nn} \end{vmatrix}$$

$$=\begin{vmatrix} a_{11} & 0 & \cdots & 0 \\ a_{21} & a_{22} & \cdots & a_{2n} \\ \vdots & \vdots & & \vdots \\ a_{n1} & a_{n2} & \cdots & a_{nn} \end{vmatrix}+\begin{vmatrix} 0 & a_{12} & \cdots & 0 \\ a_{21} & a_{22} & \cdots & a_{2n} \\ \vdots & \vdots & & \vdots \\ a_{n1} & a_{n2} & \cdots & a_{nn} \end{vmatrix}+\cdots+\begin{vmatrix} 0 & 0 & \cdots & a_{1n} \\ a_{21} & a_{22} & \cdots & a_{2n} \\ \vdots & \vdots & & \vdots \\ a_{n1} & a_{n2} & \cdots & a_{nn} \end{vmatrix}$$

按行列式的定义有

$$\begin{vmatrix} a_{11} & 0 & \cdots & 0 \\ a_{21} & a_{22} & \cdots & a_{2n} \\ \vdots & \vdots & & \vdots \\ a_{n1} & a_{n2} & \cdots & a_{nn} \end{vmatrix}=\sum_{j_1j_2\cdots j_n}(-1)^{\tau(j_1j_2\cdots j_n)}a_{1j_1}a_{2j_2}\cdots a_{nj_n}$$

$$=a_{11}\sum_{j_1j_2\cdots j_n}(-1)^{\tau(j_1j_2\cdots j_n)}a_{2j_2}\cdots a_{nj_n}=a_{11}M_{11}=a_{11}A_{11}$$

同理，有

$$\begin{vmatrix} 0 & a_{12} & \cdots & 0 \\ a_{21} & a_{22} & \cdots & a_{2n} \\ \vdots & \vdots & & \vdots \\ a_{n1} & a_{n2} & \cdots & a_{nn} \end{vmatrix}=(-1)\begin{vmatrix} a_{12} & 0 & \cdots & 0 \\ a_{22} & a_{21} & \cdots & a_{2n} \\ \vdots & \vdots & & \vdots \\ a_{n2} & a_{n1} & \cdots & a_{nn} \end{vmatrix}=(-1)a_{12}M_{12}=a_{12}A_{12}$$

$$\begin{vmatrix} 0 & 0 & \cdots & a_{1n} \\ a_{21} & a_{22} & \cdots & a_{2n} \\ \vdots & \vdots & & \vdots \\ a_{n1} & a_{n2} & \cdots & a_{nn} \end{vmatrix}=(-1)^{n-1}\begin{vmatrix} a_{1n} & 0 & \cdots & 0 \\ a_{2n} & a_{21} & \cdots & a_{2n-1} \\ \vdots & \vdots & & \vdots \\ a_{nn} & a_{n1} & \cdots & a_{nn-1} \end{vmatrix}=(-1)^{n-1}a_{1n}M_{1n}=a_{1n}A_{1n}$$

所以 $D=a_{11}A_{11}+a_{12}A_{12}+\ldots+a_{1n}A_{1n}$。

(2) 下面证明按第 i 行展开的情形。

将第 i 行分别与第 $i-1$ 行、第 $i-2$ 行、……、第 1 行进行交换，把第 i 行换到第 1 行，然后再按(1)的情形，即有

$$D=(-1)^{i-1}\begin{vmatrix} a_{i1} & a_{i2} & \cdots & a_{in} \\ a_{11} & a_{12} & \cdots & a_{1n} \\ \vdots & \vdots & & \vdots \\ a_{n1} & a_{n2} & \cdots & a_{nn} \end{vmatrix}$$

$$=(-1)^{i-1}a_{i1}(-1)^{1+1}M_{i1}+(-1)^{i-1}a_{i2}(-1)^{1+2}M_{i2}+\cdots+(-1)^{i-1}a_{in}(-1)^{1+n}M_{in}$$

$$=a_{i1}A_{i1}+a_{i2}A_{i2}+\cdots+a_{in}A_{in}$$

定理 1.5 n 阶行列式 D 中某一行(列)的各元素与另一行(列)对应元素的代数余子式的乘积之和等于 0，即

$$a_{i1}A_{s1}+a_{i2}A_{s2}+\ldots+a_{in}A_{sn}=0(i\neq s)$$

或

$$a_{1j}A_{1t}+a_{2j}A_{2t}+\ldots+a_{nj}A_{nt}=0(j\neq t)$$

证明　只证行的情形，列的情形同理可证。考虑辅助行列式

$$D_1=\begin{vmatrix} a_{11} & a_{12} & \cdots & a_{1n} \\ \vdots & \vdots & & \vdots \\ a_{i1} & a_{i2} & \cdots & a_{in} \\ \vdots & \vdots & & \vdots \\ a_{s1} & a_{s2} & \cdots & a_{sn} \\ \vdots & \vdots & & \vdots \\ a_{n1} & a_{n2} & \cdots & a_{nn} \end{vmatrix}\begin{matrix} \\ \\ (i\text{行}) \\ \\ (s\text{行}) \\ \\ \\ \end{matrix}$$

这个行列式的第 i 行与第 s 行的对应元素相同，它的值应等于 0。由定理 1.4 将 D_1 按第 s 行展开，有

$$D_1=a_{i1}A_{s1}+a_{i2}A_{s2}+\cdots+a_{in}A_{sn}=0(i\neq s)$$

定理 1.4 和定理 1.5 可以合并写成

$$a_{i1}A_{s1}+a_{i2}A_{s2}+\cdots+a_{in}A_{sn}=\begin{cases} D & (i=s) \\ 0 & (i\neq s) \end{cases} \tag{1.11}$$

或

$$a_{1j}A_{1t}+a_{2j}A_{2t}+\cdots+a_{nj}A_{nt}=\begin{cases} D & (j=t) \\ 0 & (j\neq t) \end{cases} \tag{1.12}$$

定理 1.4 表明，n 阶行列式可以用 $n-1$ 阶行列式来表示，因此该定理又称行列式的降阶定理。利用它并结合行列式的性质，可以大大简化行列式的计算。计算行列式时，一般利用性质将某一行(列)化简为仅有一个非零元素，再按定理 1.4 展开，变为低一阶行列式，以此类推，逐次降阶，这样 n 阶行列式就可以用三阶或二阶行列式来表示及计算。这是行列式计算中的一种常用方法。

例 1.17　计算行列式 $D=\begin{vmatrix} 2 & -3 & 1 & 0 \\ 4 & -1 & 6 & 2 \\ 0 & 4 & 0 & 0 \\ 5 & 7 & -1 & 0 \end{vmatrix}$。

解　选择具有较多 0 元素的行(或列)对行列式进行展开，这里按第 3 行展开，得

$$D=4\times(-1)^{3+2}\begin{vmatrix} 2 & 1 & 0 \\ 4 & 6 & 2 \\ 5 & -1 & 0 \end{vmatrix}=-4\times 2(-1)^{2+3}\begin{vmatrix} 2 & 1 \\ 5 & -1 \end{vmatrix}=-56$$

例 1.18　计算行列式 $D=\begin{vmatrix} 4 & 1 & 2 & 4 \\ 1 & 2 & 0 & 2 \\ 10 & 5 & 2 & 0 \\ 0 & 1 & 1 & 7 \end{vmatrix}$。

解

$$D\xlongequal[c_4-7c_3]{c_2-c_3}\begin{vmatrix}4&-1&2&-10\\1&2&0&2\\10&3&2&-14\\0&0&1&0\end{vmatrix}=(-1)^{4+3}\begin{vmatrix}4&-1&-10\\1&2&2\\10&3&-14\end{vmatrix}$$

$$=\begin{vmatrix}4&-1&10\\1&2&-2\\10&3&14\end{vmatrix}\xlongequal[c_1+\frac{1}{2}c_3]{c_2+c_3}\begin{vmatrix}9&9&10\\0&0&-2\\17&17&14\end{vmatrix}=0$$

例 1.19　计算 n 阶行列式 $D=\begin{vmatrix}a&b&0&\cdots&0&0\\0&a&b&\cdots&0&0\\0&0&a&\cdots&0&0\\\vdots&\vdots&\vdots&&\vdots&\vdots\\0&0&0&\cdots&a&b\\b&0&0&\cdots&0&a\end{vmatrix}$

解　按第 1 列展开得

$$D=(-1)^{1+1}a\begin{vmatrix}a&b&\cdots&0&0\\0&a&\cdots&0&0\\\vdots&\vdots&&\vdots&\vdots\\0&0&\cdots&a&b\\0&0&\cdots&0&a\end{vmatrix}+(-1)^{n+1}b\begin{vmatrix}b&0&\cdots&0&0\\a&b&\cdots&0&0\\\vdots&\vdots&&\vdots&\vdots\\0&0&\cdots&b&0\\0&0&\cdots&a&b\end{vmatrix}$$

$$=aa^{n-1}+(-1)^{n+1}bb^{n-1}=a^n+(-1)^{n+1}b^n$$

例 1.20　试证

$$\begin{vmatrix}1&1&1&\cdots&1\\a_1&a_2&a_3&\cdots&a_n\\a_1^2&a_2^2&a_3^2&\cdots&a_n^2\\\vdots&\vdots&\vdots&&\vdots\\a_1^{n-1}&a_2^{n-1}&a_3^{n-1}&\cdots&a_n^{n-1}\end{vmatrix}=\prod_{1\leqslant j<i\leqslant n}(a_i-a_j)\tag{1.13}$$

式中左端叫**范德蒙德行列式。**

证明　用数学归纳法证明。

(1) 当 $n=2$ 时，计算二阶范德蒙德行列式的值：

$$\begin{vmatrix}1&1\\a_1&a_2\end{vmatrix}=a_2-a_1$$

可见 $n=2$ 时，结论成立。

(2) 假设 $n-1$ 阶范德蒙德行列式结论成立，我们来计算 n 阶范德蒙德行列式，把第 $n-1$ 行的 $(-a_1)$ 倍加到第 n 行，再把第 $n-2$ 行的 $(-a_1)$ 倍加到第 $n-1$ 行，以此类推，最后把第 1 行的 $(-a_1)$ 倍加到第 2 行，得到

$$\begin{vmatrix} 1 & 1 & 1 & \cdots & 1 \\ a_1 & a_2 & a_3 & \cdots & a_n \\ a_1^2 & a_2^2 & a_3^2 & \cdots & a_n^2 \\ \vdots & \vdots & \vdots & & \vdots \\ a_1^{n-2} & a_2^{n-2} & a_3^{n-2} & \cdots & a_n^{n-2} \\ a_1^{n-1} & a_2^{n-1} & a_3^{n-1} & \cdots & a_n^{n-1} \end{vmatrix} = \begin{vmatrix} 1 & 1 & 1 & \cdots & 1 \\ 0 & a_2-a_1 & a_3-a_1 & \cdots & a_n-a_1 \\ 0 & a_2^2-a_1a_2 & a_3^2-a_1a_3 & \cdots & a_n^2-a_1a_n \\ \vdots & \vdots & \vdots & & \vdots \\ 0 & a_2^{n-1}-a_1a_2^{n-2} & a_3^{n-1}-a_1a_3^{n-2} & \cdots & a_n^{n-1}-a_1a_n^{n-2} \end{vmatrix}$$

$$= \begin{vmatrix} a_2-a_1 & a_3-a_1 & \cdots & a_n-a_1 \\ a_2(a_2-a_1) & a_3(a_3-a_1) & \cdots & a_n(a_n-a_1) \\ \vdots & \vdots & & \vdots \\ a_2^{n-2}(a_2-a_1) & a_3^{n-2}(a_3-a_1) & \cdots & a_n^{n-2}(a_n-a_1) \end{vmatrix}$$

$$= (a_2-a_1)(a_3-a_1)\cdots(a_n-a_1)\begin{vmatrix} 1 & 1 & \cdots & 1 \\ a_2 & a_3 & \cdots & a_n \\ \vdots & \vdots & & \vdots \\ a_2^{n-2} & a_3^{n-2} & \cdots & a_n^{n-2} \end{vmatrix}$$

后面的这个行列式是 $n-1$ 阶范德蒙德行列式，由归纳假设得

$$\begin{vmatrix} 1 & 1 & \cdots & 1 \\ a_2 & a_3 & \cdots & a_n \\ \vdots & \vdots & & \vdots \\ a_2^{n-2} & a_3^{n-2} & \cdots & a_n^{n-2} \end{vmatrix} = \prod_{2\leqslant j<i\leqslant n}(a_i-a_j)$$

于是有

$$\begin{vmatrix} 1 & 1 & 1 & \cdots & 1 \\ a_1 & a_2 & a_3 & \cdots & a_n \\ a_1^2 & a_2^2 & a_3^2 & \cdots & a_n^2 \\ \vdots & \vdots & \vdots & & \vdots \\ a_1^{n-1} & a_2^{n-1} & a_3^{n-1} & \cdots & a_n^{n-1} \end{vmatrix} = (a_2-a_1)(a_3-a_1)\cdots(a_n-a_1)\prod_{2\leqslant j<i\leqslant n}(a_i-a_j) = \prod_{1\leqslant j<i\leqslant n}(a_i-a_j)$$

例 1.21　证明 $\begin{vmatrix} a_{11} & a_{12} & 0 & 0 \\ a_{21} & a_{22} & 0 & 0 \\ c_{11} & c_{12} & b_{11} & b_{12} \\ c_{21} & c_{22} & b_{21} & b_{22} \end{vmatrix} = \begin{vmatrix} a_{11} & a_{12} \\ a_{21} & a_{22} \end{vmatrix} \cdot \begin{vmatrix} b_{11} & b_{12} \\ b_{21} & b_{22} \end{vmatrix}$

证明　将上面等式左端的行列式按第 1 行展开，得

$$\begin{vmatrix} a_{11} & a_{12} & 0 & 0 \\ a_{21} & a_{22} & 0 & 0 \\ c_{11} & c_{12} & b_{11} & b_{12} \\ c_{21} & c_{22} & b_{21} & b_{22} \end{vmatrix} = a_{11}\begin{vmatrix} a_{22} & 0 & 0 \\ c_{12} & b_{11} & b_{12} \\ c_{22} & b_{21} & b_{22} \end{vmatrix} - a_{12}\begin{vmatrix} a_{21} & 0 & 0 \\ c_{11} & b_{11} & b_{12} \\ c_{21} & b_{21} & b_{22} \end{vmatrix}$$

$$= a_{11}a_{22}\begin{vmatrix} b_{11} & b_{12} \\ b_{21} & b_{22} \end{vmatrix} - a_{12}a_{21}\begin{vmatrix} b_{11} & b_{12} \\ b_{21} & b_{22} \end{vmatrix} = (a_{11}a_{22}-a_{12}a_{21})\begin{vmatrix} b_{11} & b_{12} \\ b_{21} & b_{22} \end{vmatrix}$$

$$= \begin{vmatrix} a_{11} & a_{12} \\ a_{21} & a_{22} \end{vmatrix} \cdot \begin{vmatrix} b_{11} & b_{12} \\ b_{21} & b_{22} \end{vmatrix}$$

本例题的结论对一般情况也是成立的，即

$$\begin{vmatrix} a_{11} & a_{12} & \cdots & a_{1k} & 0 & 0 & \cdots & 0 \\ \vdots & \vdots & & \vdots & \vdots & \vdots & & \vdots \\ a_{k1} & a_{k2} & \cdots & a_{kk} & 0 & 0 & \cdots & 0 \\ c_{11} & c_{12} & \cdots & c_{1k} & b_{11} & b_{12} & \cdots & b_{1m} \\ \vdots & \vdots & & \vdots & \vdots & \vdots & & \vdots \\ c_{m1} & c_{m2} & \cdots & c_{mk} & b_{m1} & b_{m2} & \cdots & b_{mm} \end{vmatrix}$$

$$= \begin{vmatrix} a_{11} & a_{12} & \cdots & a_{1k} \\ \vdots & \vdots & & \vdots \\ a_{k1} & a_{k2} & \cdots & a_{kk} \end{vmatrix} \cdot \begin{vmatrix} b_{11} & b_{12} & \cdots & b_{1m} \\ \vdots & \vdots & & \vdots \\ b_{m1} & b_{m2} & \cdots & b_{mm} \end{vmatrix}$$

1.6 克莱姆法则

行列式的概念是从 n 元线性方程组公式求解引入的，作为行列式的应用，克莱姆法则恰好表示了在系数行列式不为零条件下的 n 元线性方程组的公式解。它是 1.1 节中二元、三元线性方程组求解公式的推广。

设含有 n 个未知数、n 个方程的线性方程组为

$$\left.\begin{aligned} a_{11}x_1 + a_{12}x_2 + \cdots + a_{1n}x_n = b_1 \\ a_{21}x_1 + a_{22}x_2 + \cdots + a_{2n}x_n = b_2 \\ \vdots \qquad\qquad \\ a_{n1}x_1 + a_{n2}x_2 + \cdots + a_{nn}x_n = b_n \end{aligned}\right\} \tag{1.14}$$

它的系数 a_{ij} 所构成的行列式

$$D = \begin{vmatrix} a_{11} & a_{12} & \cdots & a_{1n} \\ a_{21} & a_{22} & \cdots & a_{2n} \\ \vdots & \vdots & & \vdots \\ a_{n1} & a_{n2} & \cdots & a_{nn} \end{vmatrix}$$

称为方程组(1.14)的系数行列式。

定理 1.6 (克莱姆法则) 如果线性方程组(1.14)的系数行列式 $D \neq 0$，则方程组(1.14)有唯一解：

$$x_1 = \frac{D_1}{D},\ x_2 = \frac{D_2}{D},\ \cdots,\ x_n = \frac{D_n}{D} \tag{1.15}$$

其中，$D_j\ (j = 1,2,\cdots,n)$ 是把系数行列式 D 中第 j 列换成常数项 $b_1, b_2, \cdots, b_n$，其余各列不变而得到的行列式。

这个法则包含两个结论：方程组(1.14)有解且唯一。下面分两步来证明。

(1) 在 $D \neq 0$ 的条件下，方程组(1.14)有解，我们将验证式(1.15)给出的数组 $\frac{D_1}{D}, \frac{D_2}{D}, \cdots, \frac{D_n}{D}$ 是方程组(1.14)的解。

(2) 若方程组有解，必由式(1.15)给出，从而解是唯一的。

证明　首先将 $x_1=\dfrac{D_1}{D},\ x_2=\dfrac{D_2}{D},\cdots,x_n=\dfrac{D_n}{D}$ 代入方程组(1.14)的第 i 个方程有

$$\begin{aligned}左端&=a_{i1}\frac{D_1}{D}+a_{i2}\frac{D_2}{D}+\cdots+a_{in}\frac{D_n}{D}\\&=\frac{1}{D}(a_{i1}D_1+a_{i2}D_2+\cdots+a_{in}D_n)\end{aligned}$$

把 D_1 按第1列展开，D_2 按第2列展开，……，D_n 按第 n 列展开，然后代入上式有

$$\begin{aligned}左端&=\frac{1}{D}[a_{i1}(b_1A_{11}+b_2A_{21}+\cdots+b_iA_{i1}+\cdots+b_nA_{n1})\\&\quad+a_{i2}(b_1A_{12}+b_2A_{22}+\cdots+b_iA_{i2}+\cdots+b_nA_{n2})\\&\quad+\cdots+a_{in}(b_1A_{1n}+b_2A_{2n}+\cdots+b_iA_{in}+\cdots+b_nA_{nn})]\\&=\frac{1}{D}[b_1(a_{i1}A_{11}+a_{i2}A_{12}+\cdots+a_{in}A_{1n})\\&\quad+b_2(a_{i1}A_{21}+a_{i2}A_{22}+\cdots+a_{in}A_{2n})\\&\quad+\cdots+b_i(a_{i1}A_{i1}+a_{i2}A_{i2}+\cdots+a_{in}A_{in})\\&\quad+\cdots+b_n(a_{i1}A_{n1}+a_{i2}A_{n2}+\cdots+a_{in}A_{nn})]\\&=\frac{1}{D}[b_1\cdot0+b_2\cdot0+\cdots+b_i\cdot D+\cdots+b_n\cdot0]\\&=\frac{1}{D}b_i\cdot D=b_i=右端\end{aligned}$$

这样就证明了 $\dfrac{D_1}{D},\dfrac{D_2}{D},\cdots,\dfrac{D_n}{D}$ 是方程组(1.14)的解。

其次，证明方程组若有解，其解必由式(1.15)给出，即解是唯一的。

假设 $x_1=k_1,x_2=k_2,\cdots,x_n=k_n$ 是方程组(1.14)的一个解，把它代入方程组(1.14)，有

$$\begin{cases}a_{11}k_1+a_{12}k_2+\cdots+a_{1n}k_n=b_1\\a_{21}k_1+a_{22}k_2+\cdots+a_{2n}k_n=b_2\\\qquad\vdots\\a_{n1}k_1+a_{n2}k_2+\cdots+a_{nn}k_n=b_n\end{cases}$$

将系数行列式 D 第 j 列的代数余子式 $A_{1j},A_{2j},\cdots,A_{nj}$ 乘上式对应等式的两端，得

$$\begin{cases}a_{11}A_{1j}k_1+\cdots+a_{1j}A_{1j}k_j+\cdots+a_{1n}A_{1j}k_n=b_1A_{1j}\\a_{21}A_{2j}k_1+\ldots+a_{2j}A_{2j}k_j+\ldots+a_{2n}A_{2j}k_n=b_2A_{2j}\\\qquad\vdots\\a_{n1}A_{nj}k_1+\ldots+a_{nj}A_{nj}k_j+\ldots+a_{nn}A_{nj}k_n=b_nA_{nj}\end{cases}$$

把这 n 个等式相加，并利用行列式按列展开定理，得

$$0\cdot k_1+\cdots+D\cdot k_j+\cdots+0\cdot k_n=D_j$$

于是得 $D\cdot k_j=D_j$。

因为 $D\neq0$，所以 $k_j=\dfrac{D_j}{D}$。在上述证明过程中 j 可遍取 $1,2,\cdots,n$，于是有

$$k_1=\frac{D_1}{D},k_2=\frac{D_2}{D},\cdots,k_n=\frac{D_n}{D}$$

所以方程组的解是唯一的。

例 1.22 用克莱姆法则解方程组

$$\begin{cases} x_1+x_2+x_3+x_4=5 \\ x_1+2x_2-x_3+4x_4=-2 \\ 2x_1-3x_2-x_3-5x_4=-2 \\ 3x_1+x_2+2x_3+11x_4=0 \end{cases}$$

解 因为

$$D=\begin{vmatrix} 1 & 1 & 1 & 1 \\ 1 & 2 & -1 & 4 \\ 2 & -3 & -1 & -5 \\ 3 & 1 & 2 & 11 \end{vmatrix}=-142$$

$$D_1=\begin{vmatrix} 5 & 1 & 1 & 1 \\ -2 & 2 & -1 & 4 \\ -2 & -3 & -1 & -5 \\ 0 & 1 & 2 & 11 \end{vmatrix}=-142,\quad D_2=\begin{vmatrix} 1 & 5 & 1 & 1 \\ 1 & -2 & -1 & 4 \\ 2 & -2 & -1 & -5 \\ 3 & 0 & 2 & 11 \end{vmatrix}=-284$$

$$D_3=\begin{vmatrix} 1 & 1 & 5 & 1 \\ 1 & 2 & -2 & 4 \\ 2 & -3 & -2 & -5 \\ 3 & 1 & 0 & 11 \end{vmatrix}=-426,\quad D_4=\begin{vmatrix} 1 & 1 & 1 & 5 \\ 1 & 2 & -1 & -2 \\ 2 & -3 & -1 & -2 \\ 3 & 1 & 2 & 0 \end{vmatrix}=142$$

所以 $$x_1=\frac{D_1}{D}=1,\ x_2=\frac{D_2}{D}=2,\ x_3=\frac{D_3}{D}=3,\ x_4=\frac{D_4}{D}=-1$$

注 用克莱姆法则解线性方程组时，必须满足两个条件：一是方程的个数与未知量的个数相等；二是系数行列式 $D\neq 0$。

当方程组(1.14)中的常数项都等于0时，此时的线性方程组称为**齐次线性方程组**。即

$$\left.\begin{aligned} a_{11}x_1+a_{12}x_2+\cdots+a_{1n}x_n&=0 \\ a_{21}x_1+a_{22}x_2+\cdots+a_{2n}x_n&=0 \\ &\vdots \\ a_{n1}x_1+a_{n2}x_2+\cdots+a_{nn}x_n&=0 \end{aligned}\right\} \tag{1.16}$$

显然，齐次线性方程组(1.16)总是有解的，因为 $x_1=0, x_2=0,\cdots,x_n=0$ 必定满足方程组(1.16)，这组解称为**零解**，也就是说：齐次线性方程组必有零解。

当解 $x_1=k_1, x_2=k_2,\cdots,x_n=k_n$ 不全为零时，称这组解为方程组(1.16)的非零解。

定理 1.7 如果齐次线性方程组(1.16)的系数行列式 $D\neq 0$，则它只有零解。

证明 由于 $D\neq 0$，故方程组(1.16)有唯一解，又因为方程组(1.16)已有零解，所以方程组(1.16)只有零解。

定理的逆否命题如下。

推论 如果齐次线性方程组(1.16)有非零解，那么它的系数行列式 $D=0$。

例 1.23 当 λ 为何值时，如下方程组有非零解？

$$\begin{cases} \lambda x_1 + x_2 + 5x_3 = 0 \\ x_1 + \lambda x_2 + x_3 = 0 \\ x_1 + x_2 + \lambda x_3 = 0 \end{cases}$$

解　因为

$$D = \begin{vmatrix} \lambda & 1 & 5 \\ 1 & \lambda & 1 \\ 1 & 1 & \lambda \end{vmatrix} = \lambda^3 - 7\lambda + 6 = (\lambda - 1)(\lambda - 2)(\lambda + 3)$$

因此方程组有非零解时，$D=0$，解得 $\lambda_1 = 1$，$\lambda_2 = 2$，$\lambda_3 = -3$，即当 λ 为 1 或 2 或-3 时方程组有非零解。

习　　题

1．计算下列行列式。

(1) $\begin{vmatrix} 1 & 3 \\ 2 & 5 \end{vmatrix}$；(2) $\begin{vmatrix} 2 & 1 \\ -1 & 3 \end{vmatrix}$；(3) $\begin{vmatrix} 1 & 2 & 3 \\ 2 & 3 & 1 \\ 3 & 7 & 2 \end{vmatrix}$；(4) $\begin{vmatrix} 1 & 0 & -1 \\ 3 & 5 & 0 \\ 0 & 4 & 1 \end{vmatrix}$；(5) $\begin{vmatrix} 0 & a & 0 \\ b & 0 & c \\ 0 & d & 0 \end{vmatrix}$。

2．计算下列线性方程组。

(1) $\begin{cases} 2x + 5y = 2 \\ 3x + 7y = 3 \end{cases}$　　(2) $\begin{cases} x_1 + x_2 = 2 \\ x_2 + x_3 = 1 \\ x_1 + 2x_2 + 2x_3 = -1 \end{cases}$

3. 按自然数从小到大为标准次序, 求下列各排列的逆序数。

(1) 1 2 3 4;　　(2) 4 1 3 2;　　(3) 3 4 2 1;　　(4) 2 4 1 3。

4．在六阶行列式中，下列各元素乘积是否为行列式的一项？若是，应取什么符号？

(1) $a_{15}a_{23}a_{36}a_{44}a_{51}a_{62}$；　　(2) $a_{13}a_{36}a_{21}a_{65}a_{52}a_{44}$。

5. 写出四阶行列式中含有因子 $a_{11}a_{24}$ 的项。

6．用行列式的定义计算下列行列式。

(1) $\begin{vmatrix} a_{11} & a_{12} & 0 & 0 & 0 \\ a_{21} & a_{22} & 0 & 0 & 0 \\ a_{31} & a_{32} & 1 & 0 & 0 \\ a_{41} & a_{42} & 0 & 1 & 0 \\ a_{43} & a_{44} & 0 & 0 & 1 \end{vmatrix}$；　　(2) $D_4 = \begin{vmatrix} 0 & b & f & 0 \\ 0 & 0 & 0 & d \\ a & 0 & 0 & 0 \\ 0 & 0 & c & e \end{vmatrix}$。

7. 计算下列行列式。

(1) $\begin{vmatrix} 4 & 1 & 2 & 4 \\ 1 & 2 & 0 & 2 \\ 10 & 5 & 2 & 0 \\ 0 & 1 & 1 & 7 \end{vmatrix}$；　　(2) $\begin{vmatrix} 1 & 2 & 3 & 4 \\ 2 & 3 & 4 & 1 \\ 3 & 4 & 1 & 2 \\ 4 & 1 & 2 & 3 \end{vmatrix}$；

(3) $\begin{vmatrix} 2 & 3 & 3 & 3 \\ 3 & 2 & 3 & 3 \\ 3 & 3 & 2 & 3 \\ 3 & 3 & 3 & 2 \end{vmatrix}$；　　(4) $\begin{vmatrix} 3 & 0 & 4 & 0 \\ 2 & 2 & 2 & 2 \\ 0 & -7 & 0 & 0 \\ 5 & 3 & -2 & 2 \end{vmatrix}$；

(5) $\begin{vmatrix} 2 & 4 & 4 & -3 \\ 1 & -6 & -2 & 1 \\ -3 & 5 & 2 & 0 \\ 4 & -12 & 0 & 3 \end{vmatrix}$；　　(6) $\begin{vmatrix} 1 & 1 & 1 & \cdots & 1 & 1 \\ 1 & 2 & 0 & \cdots & 0 & 0 \\ 1 & 0 & 3 & \cdots & 0 & 0 \\ \vdots & \vdots & \vdots & \ddots & \vdots & \vdots \\ 1 & 0 & 0 & \cdots & n-1 & 0 \\ 1 & 0 & 0 & \cdots & 0 & n \end{vmatrix}$。

8．试证明$\begin{vmatrix} b+c & c+a & a+b \\ b_1+c_1 & c_1+a_1 & a_1+b_1 \\ b_2+c_2 & c_2+a_2 & a_2+b_2 \end{vmatrix} = 2\begin{vmatrix} a & b & c \\ a_1 & b_1 & c_1 \\ a_2 & b_2 & c_2 \end{vmatrix}$。

9．解方程$\begin{vmatrix} 1 & 1 & 1 & \cdots & 1 \\ 1 & 1-x & 1 & \cdots & 1 \\ 1 & 1 & 2-x & \cdots & 1 \\ \vdots & \vdots & \vdots & \ddots & \vdots \\ 1 & 1 & 1 & \cdots & n-x \end{vmatrix} = 0$。

10．已知$D = \begin{vmatrix} 1 & 2 & 3 & 4 & 5 \\ 5 & 5 & 5 & 3 & 3 \\ 3 & 2 & 5 & 4 & 2 \\ 2 & 2 & 2 & 1 & 1 \\ 4 & 6 & 5 & 2 & 3 \end{vmatrix}$，求：

(1) $A_{51} + 2A_{52} + 3A_{53} + 4A_{54} + 5A_{55}$；

(2) $A_{31} + A_{32} + A_{33}$及$A_{34} + A_{35}$。

11．计算下列行列式。

(1) $D_{2n} = \begin{vmatrix} a_n & & & & & b_n \\ & \ddots & & & \iddots & \\ & & a_1 & b_1 & & \\ & & c_1 & d_1 & & \\ & \iddots & & & \ddots & \\ c_n & & & & & d_n \end{vmatrix}$；

(2) $\begin{vmatrix} 1-a & a & 0 & 0 & 0 \\ -1 & 1-a & a & 0 & 0 \\ 0 & -1 & 1-a & a & 0 \\ 0 & 0 & -1 & 1-a & a \\ 0 & 0 & 0 & -1 & 1-a \end{vmatrix}$。

12. 用克莱姆法则求解下列方程组。

(1) $\begin{cases} x+2y+2z=3 \\ -x-4y+z=7 \\ 3x+7y+4z=3 \end{cases}$ (2) $\begin{cases} 2x_1+x_2-5x_3+x_4=8 \\ x_1-3x_2-6x_4=9 \\ 2x_2-x_3+2x_4=-5 \\ x_1+4x_2-7x_3+6x_4=0 \end{cases}$；(3) $\begin{cases} x_1-2x_2+3x_3-4x_4=4 \\ x_2-x_3+x_4=-3 \\ x_1+3x_2+x_4=1 \\ -7x_2+3x_3+x_4=3 \end{cases}$

13. 已知线性方程组

$$\begin{cases} x_1+x_2+2x_3+3x_4=1 \\ x_1+3x_2+6x_3+x_4=3 \\ 3x_1-x_2-kx_3+15x_4=3 \\ x_1-5x_2-10x_3+12x_4=1 \end{cases}$$

问 k 取何值时，方程组有唯一解？

14. 若齐次线性方程组

$$\begin{cases} x_1+x_2+x_3+ax_4=0 \\ x_1+2x_2+x_3+x_4=0 \\ x_1+x_2-3x_3+x_4=0 \\ x_1+x_2+ax_3+bx_4=0 \end{cases}$$

有非零解，则 a，b 应满足什么条件？

第 2 章　矩阵及其运算

矩阵理论也是线性代数中的一个重要分支。它在许多科技领域中都有重要应用，特别是在一些大型的比较复杂的计算中，矩阵运算起到了非常重要的作用。

2.1　矩阵的概念

定义 2.1　由 $m\times n$ 个数 a_{ij} $(i=1,2,\cdots,m;\ j=1,2,\cdots,n)$ 排成的 m 行 n 列的数表称为 m 行 n 列矩阵，简称 $m\times n$ 矩阵。矩阵用黑体的大写英文字母表示，记作

$$\boldsymbol{A}=\begin{bmatrix} a_{11} & a_{12} & \cdots & a_{1n} \\ a_{21} & a_{22} & \cdots & a_{2n} \\ \vdots & \vdots & & \vdots \\ a_{m1} & a_{m2} & \cdots & a_{mn} \end{bmatrix}$$

其中，数 a_{ij} 称为位于矩阵 $\boldsymbol{A}$ 第 i 行第 j 列的元素，简称为第 i 行第 j 列的元，而以数 a_{ij} 为元素的矩阵可记为 $[a_{ij}]$ 或 $[a_{ij}]_{m\times n}$， $m\times n$ 矩阵也可记作 $\boldsymbol{A}_{m\times n}$ 。

元素 a_{ij} 是实数的矩阵称为实(数)矩阵，元素 a_{ij} 为复数的矩阵称为复(数)矩阵。如无特殊声明，本书中的矩阵都是指实(数)矩阵。

行数和列数都等于 n 的矩阵称为 n 阶矩阵或 n 阶方阵，记作 $\boldsymbol{A}_n$ 。

例如，二阶方阵和三阶方阵分别为

$$\boldsymbol{A}_2=\begin{bmatrix} 1 & 0 \\ -1 & 2 \end{bmatrix},\ \boldsymbol{A}_3=\begin{bmatrix} 1 & 0 & 0 \\ 0 & 1 & 0 \\ 0 & 0 & 1 \end{bmatrix}$$

特殊情况下有：

行数为 1、列数为 n (只有一行)的矩阵

$$\boldsymbol{A}=(\ a_1\ ,a_2\ ,\cdots,a_n\ )$$

称为行矩阵或行向量。为避免元素间的混淆，行矩阵也记作

$$\boldsymbol{A}=[a_1,a_2,\cdots,a_n]$$

行数为 m 、列数为 1(只有一列)的矩阵

$$B=\begin{bmatrix} b_1 \\ b_2 \\ \vdots \\ b_m \end{bmatrix}$$

称为列矩阵或列向量。

两个矩阵的行数相等且列数也相等时，称它们为**同型矩阵**。

如果矩阵 $\boldsymbol{A}=[a_{ij}]_{m\times n}$ 和矩阵 $\boldsymbol{B}=[b_{ij}]_{m\times n}$ 是同型矩阵，且它们的对应元素相等，即

$$a_{ij}=b_{ij}\ \ (i=1,2,\cdots,m;\ \ j=1,2,\cdots,n)$$

则称矩阵 $\boldsymbol{A}$ 与矩阵 $\boldsymbol{B}$ 相等，记作

$$\boldsymbol{A}=\boldsymbol{B}$$

元素都为零的矩阵称为零矩阵，记作 $\boldsymbol{O}$ 。注意，不同型的零矩阵不相等。

例如 $\boldsymbol{O}_2\neq\boldsymbol{O}_{4\times 1}$ ，即

$$\begin{bmatrix} 0 & 0 \\ 0 & 0 \end{bmatrix}\neq\begin{bmatrix} 0 \\ 0 \\ 0 \\ 0 \end{bmatrix}$$

矩阵的应用非常广泛，举例如下。

例 2.1　若某工厂生产的两种产品要向三个地点供货，其供货量(吨)如表 2.1 所示。

表 2.1　工厂供货量　　单位：吨

	1　店	2　店	3　店
产品 1	20	30	10
产品 2	65	10	38

该工厂的供货量可表示为矩阵

$$\boldsymbol{A}=\begin{bmatrix} 20 & 30 & 10 \\ 65 & 10 & 38 \end{bmatrix}$$

n 个变量 $x_1,x_2,\cdots,x_n$ 与 m 个变量 $y_1,y_2,\cdots,y_m$ 之间的关系式

$$\begin{cases} y_1=a_{11}x_1+a_{12}x_2+\cdots a_{1n}x_n \\ y_2=a_{21}x_1+a_{22}x_2+\cdots a_{2n}x_n \\ \qquad\vdots \\ y_m=a_{m1}x_1+a_{m2}x_2+\cdots a_{mn}x_n \end{cases}$$

称为从变量 $x_1,x_2,\cdots,x_n$ 到变量 $y_1,y_2,\cdots,y_m$ 的线性变换，其中常数 a_{ij} 称为线性变换的系数。则由系数组成的矩阵

$$\boldsymbol{A}=\begin{bmatrix} a_{11} & a_{12} & \cdots & a_{1n} \\ a_{21} & a_{22} & \cdots & a_{2n} \\ \vdots & \vdots & & \vdots \\ a_{m1} & a_{m2} & \cdots & a_{mn} \end{bmatrix}$$

称为线性变换的系数矩阵。

线性变换与其系数矩阵之间存在着一一对应的关系。

例如，恒等变换

$$\begin{cases} y_1 = x_1 \\ y_2 = x_2 \\ \quad \cdots \\ y_n = x_n \end{cases}$$

对应的系数矩阵为一个 n 阶方阵

$$\boldsymbol{E} = \begin{bmatrix} 1 & 0 & \cdots & 0 \\ 0 & 1 & \cdots & 0 \\ \vdots & \vdots & & \vdots \\ 0 & 0 & \cdots & 1 \end{bmatrix}$$

它叫作 **n 阶单位矩阵**，简称**单位阵**。其特点为矩阵从左上角到右下角的直线(称为主对角线)上的元素都是1，其余元素都是0 。

又如线性变换

$$\begin{cases} y_1 = \alpha_1 x_1 \\ y_2 = \alpha_2 x_2 \\ \quad \vdots \\ y_n = \alpha_n x_n \end{cases}$$

对应的系数矩阵为一个 n 阶方阵

$$\boldsymbol{\Lambda} = \begin{bmatrix} \alpha_1 & 0 & \cdots & 0 \\ 0 & \alpha_2 & \cdots & 0 \\ \vdots & \vdots & & \vdots \\ 0 & 0 & \cdots & \alpha_n \end{bmatrix}$$

它的特点是不在主对角线上的元素都为0 ，此矩阵称为**对角矩阵**，也称为**对角阵**，记作

$$\boldsymbol{\Lambda} = \mathrm{diag}(\alpha_1, \alpha_2, \cdots, \alpha_n)$$

2.2　矩阵的运算

本节将论述矩阵的五种基本运算。

2.2.1　矩阵的加法

定义 2.2　设矩阵 $\boldsymbol{A} = [a_{ij}]_{m\times n}$ 和矩阵 $\boldsymbol{B} = [b_{ij}]_{m\times n}$ 是同型矩阵，那么矩阵 $\boldsymbol{A}$ 与矩阵 $\boldsymbol{B}$ 的和记作 $\boldsymbol{A} + \boldsymbol{B}$ ，其运算法则为

$$\boldsymbol{A} + \boldsymbol{B} = \begin{bmatrix} a_{11} + b_{11} & a_{12} + b_{12} & \cdots & a_{1n} + b_{1n} \\ a_{12} + b_{12} & a_{22} + b_{22} & \cdots & a_{2n} + b_{2n} \\ \vdots & \vdots & & \vdots \\ a_{m1} + b_{m1} & a_{m2} + b_{m2} & \cdots & a_{mn} + b_{mn} \end{bmatrix}$$

这里 $\boldsymbol{A}+\boldsymbol{B}=[a_{ij}+b_{ij}]_{m\times n}$ 与矩阵 $\boldsymbol{A}$、$\boldsymbol{B}$ 是同型的矩阵，被称为矩阵 $\boldsymbol{A}$ 与 $\boldsymbol{B}$ 的和矩阵，简称为 $\boldsymbol{A}$ 与 $\boldsymbol{B}$ 的和。必须注意，只有两个同型矩阵才能做加法运算。

矩阵的加法就是把两个矩阵中的对应元素相加，由于数的加法满足交换律和结合律，因此矩阵加法也满足交换律和结合律(设 $\boldsymbol{A}$、$\boldsymbol{B}$、$\boldsymbol{C}$ 都是 $m\times n$ 矩阵)。

(1) 交换律 $\boldsymbol{A}+\boldsymbol{B}=\boldsymbol{B}+\boldsymbol{A}$。

(2) 结合律 $(\boldsymbol{A}+\boldsymbol{B})+\boldsymbol{C}=\boldsymbol{A}+(\boldsymbol{B}+\boldsymbol{C})$。

若矩阵 $\boldsymbol{A}=[a_{ij}]_{m\times n}$，记 $-\boldsymbol{A}=[-a_{ij}]_{m\times n}$，则把 $-\boldsymbol{A}$ 称为 $\boldsymbol{A}$ 的负矩阵。

显然有

$\boldsymbol{A}+\boldsymbol{O}=\boldsymbol{A},\boldsymbol{A}+(-\boldsymbol{A})=\boldsymbol{O}$，这里 $\boldsymbol{A}$ 与 $\boldsymbol{O}$ 为同型矩阵

由此规定矩阵的减法为

$$\boldsymbol{A}-\boldsymbol{B}=\boldsymbol{A}+(-\boldsymbol{B})$$

称 $\boldsymbol{A}-\boldsymbol{B}$ 为矩阵 $\boldsymbol{A}$与$\boldsymbol{B}$ 的差。

这里若 $\boldsymbol{A}$、$\boldsymbol{B}$、$\boldsymbol{C}$ 为同型矩阵，$\boldsymbol{A}+\boldsymbol{B}=\boldsymbol{C}$， 则有

$$(\boldsymbol{A}+\boldsymbol{B})-\boldsymbol{B}=\boldsymbol{C}-\boldsymbol{B}\Rightarrow\boldsymbol{A}=\boldsymbol{C}-\boldsymbol{B}$$

这就是我们熟知的加法移项法则。

2.2.2　数与矩阵的乘法

定义 2.3　将数 λ 与矩阵 $\boldsymbol{A}=[a_{ij}]_{m\times n}$ 的乘积记作 $\lambda\boldsymbol{A}$，规定 $\lambda\boldsymbol{A}=[\lambda a_{ij}]_{m\times n}$，即

$$\lambda\boldsymbol{A}=\begin{bmatrix}\lambda a_{11} & \lambda a_{12} & \cdots & \lambda a_{1n}\\ \lambda a_{21} & \lambda a_{22} & \cdots & \lambda a_{2n}\\ \vdots & \vdots & & \vdots\\ \lambda a_{m1} & \lambda a_{m2} & \cdots & \lambda a_{mn}\end{bmatrix}$$

由此可见，数乘矩阵就是用数去乘矩阵中的每个元素，因此由数乘的运算规律可以直接验证出数与矩阵的乘法应该满足的运算规律(设 $\boldsymbol{A}$与$\boldsymbol{B}$ 为同型矩阵，λ与μ 是数)。

(1) $\lambda\boldsymbol{A}=\boldsymbol{A}\lambda$；

(2) $(\lambda\mu)\boldsymbol{A}=\lambda(\mu\boldsymbol{A})$；

(3) $(\lambda+\mu)\boldsymbol{A}=\lambda\boldsymbol{A}+\mu\boldsymbol{A}$；

(4) $\lambda(\boldsymbol{A}+\boldsymbol{B})=\lambda\boldsymbol{A}+\lambda\boldsymbol{B}$。

矩阵的加法和数与矩阵的乘法合起来，统称为矩阵的线性运算。

2.2.3　矩阵与矩阵的乘法

定义 2.4　设矩阵 $\boldsymbol{A}=[a_{ij}]_{m\times s}$，矩阵 $\boldsymbol{B}=[b_{ij}]_{s\times n}$，则它们的乘积 $\boldsymbol{AB}$ 等于矩阵 $\boldsymbol{C}=[c_{ij}]_{m\times n}$，记作 $\boldsymbol{AB}=\boldsymbol{C}$，其中

$$c_{ij}=[a_{i1}\quad a_{i2}\quad\cdots\quad a_{is}]\begin{bmatrix}b_{1j}\\ b_{2j}\\ \vdots\\ b_{sj}\end{bmatrix}=a_{i1}b_{1j}+a_{i2}b_{2j}+\cdots+a_{is}b_{sj}$$

$$(i=1,2,\cdots,m;\ j=1,2,\cdots,n)$$

必须注意，第一个矩阵的列数等于第二个矩阵的行数，才能做两个矩阵的乘法。即应有 $\boldsymbol{A}_{m\times s}\times\boldsymbol{B}_{s\times n}=\boldsymbol{C}_{m\times n}$；而乘积矩阵 $\boldsymbol{C}$ 的元素 c_{ij} 是把矩阵 $\boldsymbol{A}$ 中的第 i 行元素与矩阵 $\boldsymbol{B}$ 中的第 j 列元素对应相乘后再相加得到的，即 $c_{ij}=\sum\limits_{t=1}^{s}a_{it}b_{tj}$。

例 2.2　计算矩阵乘积 $\boldsymbol{AB}$ 与 $\boldsymbol{BA}$，其中

$$\boldsymbol{A}=\begin{bmatrix}-1 & 4 & 2\\ 3 & -5 & 1\end{bmatrix},\ \boldsymbol{B}=\begin{bmatrix}3 & -5\\ 1 & 6\\ -2 & -2\end{bmatrix}$$

解　由于 $\boldsymbol{A}$ 是 2×3 矩阵，$\boldsymbol{B}$ 是 3×2 矩阵，所以 $\boldsymbol{AB}$ 是 2×2 方阵，$\boldsymbol{BA}$ 是 3×3 方阵，故 $\boldsymbol{AB}\neq\boldsymbol{BA}$。

$$\boldsymbol{AB}=\begin{bmatrix}-1 & 4 & 2\\ 3 & -5 & 1\end{bmatrix}\begin{bmatrix}3 & -5\\ 1 & 6\\ -2 & -2\end{bmatrix}=\begin{bmatrix}(-1\ \ 4\ \ 2)\begin{pmatrix}3\\1\\-2\end{pmatrix} & (-1\ \ 4\ \ 2)\begin{pmatrix}-5\\6\\-2\end{pmatrix}\\ (3\ \ -5\ \ 1)\begin{pmatrix}3\\1\\-2\end{pmatrix} & (3\ \ -5\ \ 1)\begin{pmatrix}-5\\6\\-2\end{pmatrix}\end{bmatrix}$$

$$=\begin{bmatrix}-3 & 25\\ 2 & -47\end{bmatrix}$$

$$\boldsymbol{BA}=\begin{bmatrix}3 & -5\\ 1 & 6\\ -2 & -2\end{bmatrix}\begin{bmatrix}-1 & 4 & 2\\ 3 & -5 & 1\end{bmatrix}=\begin{bmatrix}(3\ \ -5)\begin{pmatrix}-1\\3\end{pmatrix} & (3\ \ -5)\begin{pmatrix}4\\-5\end{pmatrix} & (3\ \ -5)\begin{pmatrix}2\\1\end{pmatrix}\\ (1\ \ 6)\begin{pmatrix}-1\\3\end{pmatrix} & (1\ \ 6)\begin{pmatrix}4\\-5\end{pmatrix} & (1\ \ 6)\begin{pmatrix}2\\1\end{pmatrix}\\ (-2\ \ -2)\begin{pmatrix}-1\\3\end{pmatrix} & (-2\ \ -2)\begin{pmatrix}4\\-5\end{pmatrix} & (-2\ \ -2)\begin{pmatrix}2\\1\end{pmatrix}\end{bmatrix}$$

$$=\begin{bmatrix}-18 & 37 & 1\\ 17 & -26 & 8\\ -4 & 2 & -6\end{bmatrix}$$

例 2.3　计算矩阵乘积 $\boldsymbol{AB}$ 与 $\boldsymbol{BA}$，其中

$$\boldsymbol{A}=\begin{bmatrix}2 & 2\\ -2 & -2\end{bmatrix},\ \boldsymbol{B}=\begin{bmatrix}\boldsymbol{2}\\ \boldsymbol{-2}\end{bmatrix}$$

解　因为 $\boldsymbol{A}$ 是 2×2 矩阵，$\boldsymbol{B}$ 是 2×1 矩阵，所以 $\boldsymbol{AB}$ 是 2×1 矩阵，而由于 $\boldsymbol{B}$ 矩阵的列数不等于 $\boldsymbol{A}$ 矩阵的行数，所以 $\boldsymbol{BA}$ 无意义。而

$$\boldsymbol{AB}=\begin{bmatrix}2 & 2\\ -2 & -2\end{bmatrix}\begin{bmatrix}2\\ -2\end{bmatrix}=\begin{bmatrix}0\\ 0\end{bmatrix}$$

例 2.4　设

$$\boldsymbol{A}=\begin{bmatrix}k & -k\\ -k & k\end{bmatrix},\ \boldsymbol{B}=\begin{bmatrix}1 & 1\\ -1 & -1\end{bmatrix},\ \boldsymbol{C}=\begin{bmatrix}2 & 0\\ 0 & -2\end{bmatrix},\ k\in\mathbf{R}$$

求矩阵 $\boldsymbol{AB}$ 与 $\boldsymbol{AC}$ 。

解

$$\boldsymbol{AB}=\begin{bmatrix}k & -k\\ -k & k\end{bmatrix}\begin{bmatrix}1 & 1\\ -1 & -1\end{bmatrix}=\begin{bmatrix}2k & 2k\\ -2k & -2k\end{bmatrix}$$

$$\boldsymbol{AC}=\begin{bmatrix}k & -k\\ -k & k\end{bmatrix}\begin{bmatrix}2 & 0\\ 0 & -2\end{bmatrix}=\begin{bmatrix}2k & 2k\\ -2k & -2k\end{bmatrix}$$

由此可见，矩阵乘法与数的乘法在运算中有许多不同之处，需要注意。

(1) 矩阵乘法不满足交换律。这是因为 $\boldsymbol{AB}$ 与 $\boldsymbol{BA}$ 不一定都有意义；即使 $\boldsymbol{AB}$ 与 $\boldsymbol{BA}$ 都有意义，也不一定有 $\boldsymbol{AB}=\boldsymbol{BA}$ 成立。

特殊地，对于方阵 $\boldsymbol{A}$、$\boldsymbol{B}$ ，如果有 $\boldsymbol{AB}=\boldsymbol{BA}$ ，则称矩阵 $\boldsymbol{A}$、$\boldsymbol{B}$ 可交换。

(2) 在矩阵乘法的运算中，“若 $\boldsymbol{AB}=\boldsymbol{O}$ ，则必有 $\boldsymbol{A}=\boldsymbol{O}$ 或 $\boldsymbol{B}=\boldsymbol{O}$ ”这个结论不一定成立(如例 2.3)。

(3) 矩阵乘法的消去律不成立，即“若 $\boldsymbol{AB}=\boldsymbol{AC}$ 且 $\boldsymbol{A}\neq\boldsymbol{O}$，则$\boldsymbol{B}=\boldsymbol{C}$ ”这个结论不一定成立(如例 2.4)。

矩阵乘法虽然不满足交换律，但它满足如下运算规律(假设以下运算都有意义)。

(1) 结合律：$(\boldsymbol{AB})\boldsymbol{C}=\boldsymbol{A}(\boldsymbol{BC})$ 。

(2) 分配律：$\boldsymbol{A}(\boldsymbol{B}+\boldsymbol{C})=\boldsymbol{AB}+\boldsymbol{AC}$，$(\boldsymbol{B}+\boldsymbol{C})\boldsymbol{A}=\boldsymbol{BA}+\boldsymbol{CA}$ 。

(3) $\lambda\boldsymbol{AB}=(\lambda\boldsymbol{A})\boldsymbol{B}=\boldsymbol{A}(\lambda\boldsymbol{B})$ 。

对任意的矩阵 $\boldsymbol{A}$ 和与之相对应的单位矩阵 $\boldsymbol{E}$ ，不难得到以下结论。

(1) $\boldsymbol{E}_m\boldsymbol{A}_{m\times n}=\boldsymbol{A}_{m\times n}$，$\boldsymbol{A}_{m\times n}\boldsymbol{E}_n=\boldsymbol{A}_{m\times n}$

或者写成

$$\boldsymbol{EA}=\boldsymbol{AE}=\boldsymbol{A}$$

即单位矩阵 $\boldsymbol{E}$ 在矩阵乘法中的作用类似于数 1。

(2) 矩阵

$$k\boldsymbol{E}=\begin{bmatrix}k & 0 & \cdots & 0\\ 0 & k & \cdots & 0\\ \vdots & \vdots & & \vdots\\ 0 & 0 & \cdots & k\end{bmatrix}$$

称为**纯量矩阵**。显然有(设矩阵运算是有意义的)

$$k\boldsymbol{EA}=k(\boldsymbol{EA})=k\boldsymbol{A}，\ \boldsymbol{A}(k\boldsymbol{E})=k(\boldsymbol{AE})=k\boldsymbol{A}$$

或可写成

$$k\boldsymbol{A}=(k\boldsymbol{E})\boldsymbol{A}=\boldsymbol{A}(k\boldsymbol{E})$$

特别地，纯量矩阵 $k\boldsymbol{E}$ 与任何方阵都是可交换的。

(3) 由于 n 阶方阵 $\boldsymbol{A}$ 可以自乘，我们给出方阵 $\boldsymbol{A}$ 幂的运算定义：设 $\boldsymbol{A}$ 为 n 阶方阵，k 是正整数，规定

$$\boldsymbol{A}^k=\overbrace{\boldsymbol{AA}\cdots\boldsymbol{A}}^{k}，\quad \boldsymbol{A}^0=\boldsymbol{E}$$

由此易证：

$$\boldsymbol{A}^m\boldsymbol{A}^n=\boldsymbol{A}^{m+n}，\quad (\boldsymbol{A}^m)^n=\boldsymbol{A}^{mn}\ (m、n\text{是正整数})$$

由于矩阵乘法不满足交换律，所以对于两个 n 阶矩阵 $\boldsymbol{A}$、$\boldsymbol{B}$，通常有 $(\boldsymbol{AB})^k \neq \boldsymbol{A}^k\boldsymbol{B}^k$，只有当矩阵 $\boldsymbol{A}$、$\boldsymbol{B}$ 可交换时，才有 $(\boldsymbol{AB})^k = \boldsymbol{A}^k\boldsymbol{B}^k$；同样，只当矩阵 $\boldsymbol{A}$、$\boldsymbol{B}$ 可交换时，才有

$$(\boldsymbol{A} \pm \boldsymbol{B})^2 = \boldsymbol{A}^2 \pm 2\boldsymbol{AB} + \boldsymbol{B}^2,\ \boldsymbol{A}^2 - \boldsymbol{B}^2 = (\boldsymbol{A}+\boldsymbol{B})(\boldsymbol{A}-\boldsymbol{B})$$

成立。

设函数 $f(x) = a_m x^m + a_{m-1}x^{m-1} + \cdots + a_1 x + a_0$，它是变量 x 的一个 m 次多项式，现将 n 阶方阵 $\boldsymbol{A}$ 代替变量 x，就得到一个矩阵 $\boldsymbol{A}$ 的计算式，记作

$$f(\boldsymbol{A}) = a_m\boldsymbol{A}^m + a_{m-1}\boldsymbol{A}^{m-1} + \cdots + a_1\boldsymbol{A} + a_0\boldsymbol{E}$$

称其为矩阵 $\boldsymbol{A}$ 的 m 次多项式，它的计算结果 $f(\boldsymbol{A})$ 仍然是 n 阶方阵。

例 2.5　设 $f(x) = x^2 - 2x - 1$，$\boldsymbol{A} = \begin{bmatrix} -1 & 0 \\ 0 & 1 \end{bmatrix}$，求 $f(\boldsymbol{A})$。

解　因为

$$\boldsymbol{A}^2 = \begin{bmatrix} -1 & 0 \\ 0 & 1 \end{bmatrix}\begin{bmatrix} -1 & 0 \\ 0 & 1 \end{bmatrix} = \begin{bmatrix} 1 & 0 \\ 0 & 1 \end{bmatrix}$$

所以

$$f(\boldsymbol{A}) = \begin{bmatrix} 1 & 0 \\ 0 & 1 \end{bmatrix} - 2\begin{bmatrix} -1 & 0 \\ 0 & 1 \end{bmatrix} - \begin{bmatrix} 1 & 0 \\ 0 & 1 \end{bmatrix} = \begin{bmatrix} 2 & 0 \\ 0 & -2 \end{bmatrix}$$

2.2.4　矩阵的转置

定义 2.5　设 $m \times n$ 矩阵

$$\boldsymbol{A} = \begin{bmatrix} a_{11} & a_{12} & \cdots & a_{1n} \\ a_{21} & a_{22} & \cdots & a_{2n} \\ \vdots & \vdots & & \vdots \\ a_{m1} & a_{m2} & \cdots & a_{mn} \end{bmatrix}$$

将其对应的行与列互换位置，得到一个 $n \times m$ 的新矩阵

$$\begin{bmatrix} a_{11} & a_{21} & \cdots & a_{m1} \\ a_{12} & a_{22} & \cdots & a_{m2} \\ \vdots & \vdots & & \vdots \\ a_{1n} & a_{2n} & \cdots & a_{mn} \end{bmatrix}$$

称为矩阵 $\boldsymbol{A}$ 的转置矩阵，记作 $\boldsymbol{A}^{\mathrm{T}}$。

例如，矩阵 $\boldsymbol{A} = \begin{bmatrix} 3 & -1 & 5 \\ -2 & 1 & -8 \end{bmatrix}$，$\boldsymbol{A}^{\mathrm{T}} = \begin{bmatrix} 3 & -2 \\ -1 & 1 \\ 5 & -8 \end{bmatrix}$。

行矩阵 $\boldsymbol{A} = [2\ \ -2\ \ 1]$，它的转置为列矩阵 $\boldsymbol{A}^{\mathrm{T}} = \begin{bmatrix} 2 \\ -2 \\ 1 \end{bmatrix}$。

矩阵的转置也可以看成是一种运算(一元运算)，它满足如下的运算规律(设以下运算都有意义，k 是常数)：

(1) $(\boldsymbol{A}^{\mathrm{T}})^{\mathrm{T}} = \boldsymbol{A}$；

(2) $(\boldsymbol{A}+\boldsymbol{B})^{\mathrm{T}} = \boldsymbol{A}^{\mathrm{T}} + \boldsymbol{B}^{\mathrm{T}}$；

(3) $(kA)^{\mathrm{T}}=kA^{\mathrm{T}}$；

(4) $(AB)^{\mathrm{T}}=B^{\mathrm{T}}A^{\mathrm{T}}$。

由定义很容易验证(1)～(3)成立，现在我们证明(4)。

设 $A=[a_{ij}]_{m\times t}$，$B=[b_{ij}]_{t\times n}$，则 $AB=C=[c_{ij}]_{m\times n}$。$(AB)^{\mathrm{T}}=(C)^{\mathrm{T}}=[u_{ij}]_{n\times m}$，其中

$$u_{ij}=c_{ji}=\sum_{k=1}^{t}a_{jk}b_{ki}$$

又设 $B^{\mathrm{T}}A^{\mathrm{T}}=D=[d_{ij}]_{n\times m}$，则 B^{T} 的第 i 行为 $(b_{1i},b_{2i},\cdots,b_{ti})$，$A^{\mathrm{T}}$ 的第 j 列为 $(a_{j1},a_{j2},\cdots,a_{jt})^{\mathrm{T}}$，于是 $d_{ij}=\sum_{k=1}^{t}b_{ki}a_{jk}$，所以

$$d_{ij}=u_{ij}\ (i=1,2,\cdots,n;\ j=1,2,\cdots,m)$$

即 $D=C^{\mathrm{T}}$，或 $(AB)^{\mathrm{T}}=B^{\mathrm{T}}A^{\mathrm{T}}$。

例 2.6　设 $A=\begin{bmatrix}0&2\\6&-3\\-1&4\end{bmatrix}$，$B=\begin{bmatrix}-1&3\\-2&4\end{bmatrix}$，求 $(AB)^{\mathrm{T}}$。

解 1

$$AB=\begin{bmatrix}0&2\\6&-3\\-1&4\end{bmatrix}\begin{bmatrix}-1&3\\-2&4\end{bmatrix}=\begin{bmatrix}-4&8\\0&6\\-7&13\end{bmatrix}$$

$$(AB)^{\mathrm{T}}=\begin{bmatrix}-4&0&-7\\8&6&13\end{bmatrix}$$

解 2

$$(AB)^{\mathrm{T}}=B^{\mathrm{T}}A^{\mathrm{T}}=\begin{bmatrix}-1&-2\\3&4\end{bmatrix}\begin{bmatrix}0&6&-1\\2&-3&4\end{bmatrix}=\begin{bmatrix}-4&0&-7\\8&6&13\end{bmatrix}$$

对于 n 阶方阵 A，如果满足 $A^{\mathrm{T}}=A$，称 A 为**对称矩阵**。其特点是 A 中以矩阵主对角线对称的元素相等，即 $a_{ij}=a_{ji}\ (i,j=1,2,\cdots,n)$。如果满足 $A^{\mathrm{T}}=-A$，称 A 为**反对称矩阵**。其特点是 A 中主对角线元素为零，即 $a_{ii}=0\ (i=1,2,\cdots,n)$，以矩阵主对角线对称的元素互为相反数，即 $a_{ij}=-a_{ji}\ (i,j=1,2,\cdots,n;\ i\neq j)$。

例 2.7　设 A 是 $m\times n$ 矩阵，E 为 m 阶单位阵，试证矩阵 $E-\lambda AA^{\mathrm{T}}\ (\lambda\in\mathbf{R})$ 为 m 阶对称矩阵。

解 1　因为 $(AA^{\mathrm{T}})^{\mathrm{T}}=(A^{\mathrm{T}})^{\mathrm{T}}A^{\mathrm{T}}=AA^{\mathrm{T}}$，$\lambda AA^{\mathrm{T}}$ 是对称矩阵，又 E 为对称阵，所以 $E-\lambda AA^{\mathrm{T}}$ 为对称矩阵。

解 2　因为 $(E-\lambda AA^{\mathrm{T}})^{\mathrm{T}}=E^{\mathrm{T}}-\lambda(A^{\mathrm{T}})^{\mathrm{T}}A^{\mathrm{T}}=E-\lambda AA^{\mathrm{T}}$，所以 $E-\lambda AA^{\mathrm{T}}$ 为对称矩阵。

2.2.5　矩阵的行列式

定义 2.6　用 n 阶方阵 A 的所有元素(保持各元素位置不变)构成的行列式，称为方阵 A 的行列式，记作 $|A|$ 或 Det$A$。

例如，方阵 $A=\begin{bmatrix}4&3\\2&5\end{bmatrix}$，$|A|=\begin{vmatrix}4&3\\2&5\end{vmatrix}=20-6=14$。

方阵的行列式运算(一元运算)满足以下性质(设 A、B 是 n 阶方阵，$k\in\mathbf{R}$)。

(1) $|A^{\mathrm{T}}|=|A|$；

(2) $|kA|=k^n|A|$；

(3) $|AB|=|A||B|$。

由行列式的性质容易证明(1)、(2)成立，下面我们证明(3)成立。

证明　设 $A=(a_{ij})_{n\times n}$，$B=(b_{ij})_{n\times n}$，做 $2n$ 阶行列式

$$D=\begin{vmatrix} a_{11} & a_{12} & \cdots & a_{1n} & & & & \\ a_{21} & a_{22} & \cdots & a_{n2} & & & O & \\ \vdots & \vdots & & \vdots & & & & \\ a_{n1} & a_{n2} & \cdots & a_{nn} & & & & \\ -1 & & & & b_{11} & b_{12} & \cdots & b_{1n} \\ & -1 & & & b_{21} & b_{22} & \cdots & b_{2n} \\ & & \ddots & & \vdots & \vdots & & \vdots \\ & & & -1 & b_{n1} & b_{n2} & \cdots & b_{nn} \end{vmatrix}=\begin{vmatrix} A & O \\ -E & B \end{vmatrix}$$

则 $D=|A||B|$。另一方面将 D 做列变换，以 b_{1j} 乘第 1 列，b_{2j} 乘第 2 列，……，b_{nj} 乘第 n 列，都加到第 $n+j$ 列上 $(j=1,2,\cdots,n)$，有

$$D=\begin{vmatrix} A & C \\ -E & O \end{vmatrix}$$

其中，$C=[c_{ij}]_{n\times n}$，$c_{ij}=a_{i1}b_{1j}+a_{i2}b_{2j}+\cdots a_{in}b_{nj}$，故有 $C=AB$。

再对 D 做行变换，$r_i\leftrightarrow r_{i+i}$ $(i=1,2,\cdots,n)$，有

$$D=(-1)^n\begin{vmatrix} -E & O \\ A & C \end{vmatrix}=(-1)^n|-E||C|=(-1)^n(-1)^n|C|=|C|=|AB|$$

故有 $|AB|=|A||B|$。

对于 n 阶方阵 A 与 B，通常情况下是 $AB\neq BA$，但总有 $|AB|=|BA|=|A||B|$。

例 2.8　设二阶方阵 $A=\begin{bmatrix} 1 & 2 \\ -2 & 3 \end{bmatrix}$，$B=\begin{bmatrix} -3 & 2 \\ 1 & -1 \end{bmatrix}$　　则

$$AB=\begin{bmatrix} 1 & 2 \\ -2 & 3 \end{bmatrix}\begin{bmatrix} -3 & 2 \\ 1 & -1 \end{bmatrix}=\begin{bmatrix} -1 & 0 \\ 9 & -7 \end{bmatrix}，BA=\begin{bmatrix} -3 & 2 \\ 1 & -1 \end{bmatrix}\begin{bmatrix} 1 & 2 \\ -2 & 3 \end{bmatrix}=\begin{bmatrix} -7 & 0 \\ 3 & -1 \end{bmatrix}$$

$$|AB|=\begin{vmatrix} -1 & 0 \\ 9 & -7 \end{vmatrix}=7，|BA|=\begin{vmatrix} -7 & 0 \\ 3 & -1 \end{vmatrix}=7$$

$$|A||B|=|B||A|=\begin{vmatrix} 1 & 2 \\ -2 & 3 \end{vmatrix}\begin{vmatrix} -3 & 2 \\ 1 & -1 \end{vmatrix}=7\times 1=7$$

即 $AB\neq BA$，但 $|AB|=|BA|=|A||B|$。

必须注意：矩阵是一个数表，行列式是一个数，它们是两个完全不同的概念。

2.3　可 逆 矩 阵

在 2.2 节中我们已经学习了矩阵的加法、数乘、乘法等运算，对比数的加、减、乘、

除四种运算，下面将讨论矩阵有没有类似于数的除法运算。

我们知道对于数的除法有：若 $a \neq 0$，则 $b \div a = b \times \frac{1}{a} = b \times a^{-1}$。

当 $a \neq 0$ 时，$a^{-1} = \frac{1}{a}$ 称为 a 的倒数或 a 的逆，它满足

$$a \times a^{-1} = a^{-1} \times a = 1$$

将数的除法推广到矩阵中，记矩阵 $\boldsymbol{A}$ 的逆为 $\boldsymbol{A}^{-1}$，则矩阵 $\boldsymbol{B}$ 除以矩阵 $\boldsymbol{A}$ 就应该等于 $\boldsymbol{B}$ 乘以 $\boldsymbol{A}^{-1}$。因此只要有 $\boldsymbol{A}^{-1}$ 存在，就可以做矩阵 $\boldsymbol{B}$ 和 $\boldsymbol{A}$ 的除法运算。

为了求出矩阵 $\boldsymbol{A}$ 的逆 $\boldsymbol{A}^{-1}$，仿照 2.2.3 节中的纯量矩阵，由 $\boldsymbol{A} \times \boldsymbol{E} = \boldsymbol{E} \times \boldsymbol{A} = \boldsymbol{A}$，可知方阵 $\boldsymbol{E}$ 在矩阵乘法中相当于数中的 1，于是可引入逆矩阵的定义。

定义 2.7　对于 n 阶方阵 $\boldsymbol{A}$，如果有一个 n 阶方阵 $\boldsymbol{B}$，使 $\boldsymbol{AB} = \boldsymbol{BA} = \boldsymbol{E}$，则称矩阵 $\boldsymbol{A}$ 可逆，而称矩阵 $\boldsymbol{B}$ 为 $\boldsymbol{A}$ 的**逆矩阵**，简称**逆阵**。

必须注意的是：如果方阵 $\boldsymbol{A}$ 可逆，则 $\boldsymbol{A}$ 的逆阵是唯一的。

这是因为若方阵 $\boldsymbol{B}$、$\boldsymbol{C}$ 都是方阵 $\boldsymbol{A}$ 的逆阵，则有 $\boldsymbol{AB} = \boldsymbol{BA} = \boldsymbol{E}$，$\boldsymbol{AC} = \boldsymbol{CA} = \boldsymbol{E}$，可推导出 $\boldsymbol{B} = \boldsymbol{BE} = \boldsymbol{B}(\boldsymbol{AC}) = (\boldsymbol{BA})\boldsymbol{C} = \boldsymbol{EC} = \boldsymbol{C}$，即 $\boldsymbol{B} = \boldsymbol{C}$。

于是我们将方阵 $\boldsymbol{A}$ 的(唯一的)逆阵记作 $\boldsymbol{A}^{-1}$，而 $\boldsymbol{A}^{-1}$ 满足

$$\boldsymbol{AA}^{-1} = \boldsymbol{A}^{-1}\boldsymbol{A} = \boldsymbol{E}$$

定理 2.1　若方阵 $\boldsymbol{A}$ 可逆，则 $|\boldsymbol{A}| \neq 0$。

证明　因为方阵 $\boldsymbol{A}$ 可逆，则有 $\boldsymbol{AA}^{-1} = \boldsymbol{E}$。故 $|\boldsymbol{A}||\boldsymbol{A}^{-1}| = |\boldsymbol{E}| = 1$，所以 $|\boldsymbol{A}| \neq 0$。

定义 2.8　设 n 阶方阵 $\boldsymbol{A} = (a_{ij})_{n \times n}$

$$\boldsymbol{A} = \begin{bmatrix} a_{11} & a_{12} & \cdots & a_{1n} \\ a_{21} & a_{22} & \cdots & a_{2n} \\ \vdots & \vdots & & \vdots \\ a_{n1} & a_{n2} & \cdots & a_{nn} \end{bmatrix}$$

由 $|\boldsymbol{A}|$ 中的各个元素的代数余子式 $A_{ij}\ (i, j = 1, 2, \cdots, n)$ 按下列方式排列成 n 阶方阵：

$$\boldsymbol{A}^* = \begin{bmatrix} A_{11} & A_{21} & \cdots & A_{n1} \\ A_{12} & A_{22} & \cdots & A_{n2} \\ \vdots & \vdots & & \vdots \\ A_{1n} & A_{2n} & \cdots & A_{nn} \end{bmatrix}$$

称 $\boldsymbol{A}^*$ 是 $\boldsymbol{A}$ 的**伴随矩阵**。

例 2.9　设 n 阶方阵 $\boldsymbol{A}^*$ 是 n 阶方阵 $\boldsymbol{A}$ 的伴随矩阵，试证

$$\boldsymbol{AA}^* = \boldsymbol{A}^*\boldsymbol{A} = |\boldsymbol{A}|\boldsymbol{E}$$

证明　设 $\boldsymbol{A} = (a_{ij})_{n \times n}$，$\boldsymbol{A}^* = (A_{ij})_{n \times n} (i, j = 1, 2, \cdots, n)$，由行列式的性质得

$$\boldsymbol{AA}^* = \begin{bmatrix} a_{11} & a_{12} & \cdots & a_{1n} \\ a_{21} & a_{22} & \cdots & a_{2n} \\ \vdots & \vdots & & \vdots \\ a_{n1} & a_{n2} & \cdots & a_{nn} \end{bmatrix} \begin{bmatrix} A_{11} & A_{21} & \cdots & A_{n1} \\ A_{12} & A_{22} & \cdots & A_{n2} \\ \vdots & \vdots & & \vdots \\ A_{1n} & A_{2n} & \cdots & A_{nn} \end{bmatrix} = \begin{bmatrix} |\boldsymbol{A}| & 0 & \cdots & 0 \\ 0 & |\boldsymbol{A}| & \cdots & 0 \\ \vdots & \vdots & \ddots & \vdots \\ 0 & 0 & \cdots & |\boldsymbol{A}| \end{bmatrix} = |\boldsymbol{A}|\boldsymbol{E}$$

同理

$$A^*A=\begin{bmatrix}A_{11} & A_{21} & \cdots & A_{n1}\\ A_{12} & A_{22} & \cdots & A_{n2}\\ \vdots & \vdots & & \vdots\\ A_{1n} & A_{2n} & \cdots & A_{nn}\end{bmatrix}\begin{bmatrix}a_{11} & a_{12} & \cdots & a_{1n}\\ a_{21} & a_{22} & \cdots & a_{2n}\\ \vdots & \vdots & & \vdots\\ a_{n1} & a_{n2} & \cdots & a_{nn}\end{bmatrix}=\begin{bmatrix}|A| & 0 & \cdots & 0\\ 0 & |A| & \cdots & 0\\ \vdots & \vdots & \ddots & \vdots\\ 0 & 0 & \cdots & |A|\end{bmatrix}=|A|E$$

定理 2.2　若$|A|\neq 0$，则方阵 A 可逆，且有 $A^{-1}=\dfrac{1}{|A|}A^*$。

这里的方阵 A^* 是方阵 A 的伴随矩阵。

证明　设矩阵 A、A^* 为 n 阶方阵，由例 2.9 知 $AA^*=A^*A=|A|E$，因为$|A|\neq 0$，故有

$$A\frac{1}{|A|}A^*=\frac{1}{|A|}A^*A=E$$

所以，按逆阵的定义，即知方阵 A 可逆，且有

$$A^{-1}=\frac{1}{|A|}A^*$$

综上可知：方阵 A 可逆的充分必要条件是$|A|\neq 0$。

当$|A|\neq 0$时，称 A 为非奇异矩阵，否则称为奇异矩阵(即可逆矩阵就是非奇异矩阵)。当 A 为非奇异矩阵时，矩阵除法$\dfrac{B}{A}$(今后都被写成 BA^{-1} 或 $A^{-1}B$)才有意义。应当注意只有非奇异矩阵才能做矩阵除法中的“除式”，这类似于数中只有非零的数能做除数，零不能做除数一样。

推论　若 $AB=E$ (或 $BA=E$)，则有 $B=A^{-1}$，$A=B^{-1}$。

证明　因为

$$AB=E,\quad |A||B|=|E|=1$$

有$|A|\neq 0$。于是 A 可逆，将 A^{-1} 同时左乘等式 $AB=E$ 的两边得到

$$A^{-1}AB=A^{-1}E\Rightarrow B=A^{-1}$$

当方阵 A 可逆时，也可以定义 $A^{-k}=(A^{-1})^k$ (k 是正整数)，并且满足下述运算规律。

(1) 若方阵 A 可逆，则方阵 A^{-1} 也可逆，且有 $(A^{-1})^{-1}=A$。

(2) 若方阵 A 可逆，则方阵 kA 可逆，且有 $(kA)^{-1}=\dfrac{1}{k}A^{-1}$ $(k\neq 0)$。

(3) 若方阵 A 可逆，则方阵 A^{T} 可逆，且有 $(A^{\mathrm{T}})^{-1}=(A^{-1})^{\mathrm{T}}$。

(4) 若 A与B 均为同阶可逆方阵，则 AB、BA 均可逆，且有 $(AB)^{-1}=B^{-1}A^{-1}$，$(BA)^{-1}=A^{-1}B^{-1}$。

(5) 若方阵 A 可逆，矩阵 B、C 满足 $AB=AC$，$BA=CA$，则有 $B=C$ (即矩阵乘法满足左消去律和右消去律)。

很容易证明(1)～(5)。这里只证明(2)和(4)。

证明　(2) 因为$|A|\neq 0$，所以$|A^{\mathrm{T}}|=|A|\neq 0$；于是 A^{T} 可逆。

又因为

$$\left(\frac{1}{k}A^{-1}\right)(kA)=A^{-1}A=E$$

所以有

$$(kA)^{-1}=\frac{1}{k}A^{-1}\ \ (k\neq 0)$$

证明 (4) 因为 $|A|\neq 0, |B|\neq 0$，$|AB|=|BA|=|A||B|\neq 0$，于是 AB、BA 均可逆。又因为

$$(B^{-1}A^{-1})(AB)=B^{-1}(A^{-1}A)B=B^{-1}B=E$$

所以有

$$(AB)^{-1}=B^{-1}A^{-1}$$

同理可证 $(BA)^{-1}=A^{-1}B^{-1}$。

另由(4)可以推出 $(A_1A_2\cdots A_n)^{-1}=A_n^{-1}A_{n-1}^{-1}\cdots A_1^{-1}$。

例 2.10 求二阶方阵 $A=\begin{bmatrix}a & b\\ c & d\end{bmatrix}$ 的逆阵 $(|A|=ad-bc\neq 0)$。

解 因为 $|A|=ad-bc\neq 0$，所以矩阵 A 可逆。

由定理 2.2 知

$$A^{-1}=\frac{1}{|A|}A^*,\quad A^*=\begin{bmatrix}d & -b\\ -c & a\end{bmatrix}$$

于是

$$A^{-1}=\frac{1}{ad-bc}\begin{bmatrix}d & -b\\ -c & a\end{bmatrix}$$

例 2.11 求方阵 A 的逆阵。其中

$$A=\begin{bmatrix}1 & -1 & 3\\ 5 & 0 & 6\\ 0 & -2 & 5\end{bmatrix}$$

解 因为

$$|A|=\begin{vmatrix}1 & -1 & 3\\ 5 & 0 & 6\\ 0 & -2 & 5\end{vmatrix}=7\neq 0$$

于是 A 可逆，且

$$A^{-1}=\frac{1}{|A|}A^*$$

计算 $|A|$ 中各个元素的代数余子式得到 A 的伴随矩阵 A^*：

$$A_{11}=12,\ A_{12}=-25,\ A_{13}=-10$$
$$A_{21}=-1,\ A_{22}=5,\ A_{23}=2$$
$$A_{31}=-6,\ A_{32}=9,\ A_{33}=5$$

$$A^*=\begin{bmatrix}12 & -1 & -6\\ -25 & 5 & 9\\ -10 & 2 & 5\end{bmatrix}$$

所以

$$A^{-1}=\frac{1}{7}\begin{bmatrix}12 & -1 & -6\\ -25 & 5 & 9\\ -10 & 2 & 5\end{bmatrix}$$

例 2.12　设矩阵方程为 $\boldsymbol{AX}=\boldsymbol{B}$，求矩阵 $\boldsymbol{X}$。其中

$$\boldsymbol{A}=\begin{bmatrix}-2 & 4\\ 5 & -6\end{bmatrix},\ \boldsymbol{B}=\begin{bmatrix}-1 & 2 & -2\\ 4 & 0 & -3\end{bmatrix}$$

解　因为

$$|\boldsymbol{A}|=\begin{vmatrix}-2 & 4\\ 5 & -6\end{vmatrix}=-8\neq 0$$

于是 $\boldsymbol{A}$ 可逆，则 $\boldsymbol{X}=\boldsymbol{A}^{-1}\boldsymbol{B}$。

$$\boldsymbol{X}=\begin{bmatrix}-2 & 4\\ 5 & -6\end{bmatrix}^{-1}\begin{bmatrix}-1 & 2 & -2\\ 4 & 0 & -3\end{bmatrix}=-\frac{1}{8}\begin{bmatrix}-6 & -4\\ -5 & -2\end{bmatrix}\begin{bmatrix}-1 & 2 & -2\\ 4 & 0 & -3\end{bmatrix}$$

$$=-\frac{1}{8}\begin{bmatrix}-10 & -12 & 24\\ -3 & -10 & 16\end{bmatrix}=\begin{bmatrix}\frac{5}{4} & \frac{3}{2} & -3\\ \frac{3}{8} & \frac{5}{4} & -2\end{bmatrix}$$

例 2.13　设 n 阶方阵 $\boldsymbol{A}$ 满足

$$\boldsymbol{A}^2-2\boldsymbol{A}-5\boldsymbol{E}=\boldsymbol{O}$$

证明：(1) 方阵 $\boldsymbol{A}$ 可逆，并求 $\boldsymbol{A}^{-1}$；(2) $\boldsymbol{A}+\boldsymbol{E}$ 可逆，并求它的逆。

证明　(1) 因为 $\boldsymbol{A}^2-2\boldsymbol{A}=5\boldsymbol{E}$，所以 $\boldsymbol{A}(\boldsymbol{A}-2\boldsymbol{E})=5\boldsymbol{E}$，即有

$$\boldsymbol{A}\left[\frac{1}{5}(\boldsymbol{A}-2\boldsymbol{E})\right]=\boldsymbol{E}$$

所以方阵 $\boldsymbol{A}$ 可逆，且 $\boldsymbol{A}^{-1}=\frac{1}{5}(\boldsymbol{A}-2\boldsymbol{E})$。

(2) 因为 $\boldsymbol{A}^2-2\boldsymbol{A}-5\boldsymbol{E}=\boldsymbol{O}$，于是有

$$\boldsymbol{A}^2-2\boldsymbol{A}-3\boldsymbol{E}=2\boldsymbol{E}\Rightarrow(\boldsymbol{A}-3\boldsymbol{E})(\boldsymbol{A}+\boldsymbol{E})=2\boldsymbol{E}\Rightarrow\frac{1}{2}(\boldsymbol{A}-3\boldsymbol{E})(\boldsymbol{A}+\boldsymbol{E})=\boldsymbol{E}$$

所以方阵 $\boldsymbol{A}+\boldsymbol{E}$ 可逆，且 $(\boldsymbol{A}+\boldsymbol{E})^{-1}=\frac{1}{2}(\boldsymbol{A}-3\boldsymbol{E})$。

2.4　矩阵的分块

对于行数和列数较多的矩阵可以采用分块法来进行计算。我们用若干条贯穿矩阵的横线和纵线将矩阵 $\boldsymbol{A}$ 分成许多个小矩阵，每个小矩阵称为 $\boldsymbol{A}$ 的子块，以子块为元素的形式上的矩阵称为分块矩阵。

例如将3×4 矩阵

$$A=\begin{bmatrix} a_{11} & a_{12} & a_{13} & a_{14} \\ a_{21} & a_{22} & a_{23} & a_{24} \\ a_{31} & a_{32} & a_{33} & a_{34} \end{bmatrix}$$

分成子块的方法有很多，下面举出三种分块方法。

(1) 普通分块。

$$A=\left[\begin{array}{cc|cc} a_{11} & a_{12} & a_{13} & a_{14} \\ a_{21} & a_{22} & a_{23} & a_{24} \\ \hline a_{31} & a_{32} & a_{33} & a_{34} \end{array}\right]$$

记

$$A_{11}=\begin{bmatrix} a_{11} & a_{12} \\ a_{21} & a_{22} \end{bmatrix},\ A_{12}=\begin{bmatrix} a_{13} & a_{14} \\ a_{23} & a_{24} \end{bmatrix},\ A_{21}=[a_{31}\quad a_{32}],\ A_{22}=[a_{33}\quad a_{34}]$$

则有

$$A=\begin{bmatrix} A_{11} & A_{12} \\ A_{21} & A_{22} \end{bmatrix}$$

(2) 按行分块。

$$A=\left[\begin{array}{cccc} a_{11} & a_{12} & a_{13} & a_{14} \\ \hline a_{21} & a_{22} & a_{23} & a_{24} \\ \hline a_{31} & a_{32} & a_{33} & a_{34} \end{array}\right]$$

记

$$\beta_1=[a_{11}\quad a_{12}\quad a_{13}\quad a_{14}],\ \beta_2=[a_{21}\quad a_{22}\quad a_{23}\quad a_{24}],\ \beta_3=[a_{31}\quad a_{32}\quad a_{33}\quad a_{34}]$$

则有

$$A=\begin{bmatrix} \beta_1 \\ \beta_2 \\ \beta_3 \end{bmatrix}$$

(3) 按列分块。

$$A=\left[\begin{array}{c|c|c|c} a_{11} & a_{12} & a_{13} & a_{14} \\ a_{21} & a_{22} & a_{23} & a_{24} \\ a_{31} & a_{32} & a_{33} & a_{34} \end{array}\right]$$

记

$$\alpha_1=\begin{bmatrix} a_{11} \\ a_{21} \\ a_{31} \end{bmatrix},\ \alpha_2=\begin{bmatrix} a_{12} \\ a_{22} \\ a_{32} \end{bmatrix},\ \alpha_3=\begin{bmatrix} a_{13} \\ a_{23} \\ a_{33} \end{bmatrix},\ \alpha_4=\begin{bmatrix} a_{14} \\ a_{24} \\ a_{34} \end{bmatrix}$$

则有

$$A=[\alpha_1\quad \alpha_2\quad \alpha_3\quad \alpha_4]$$

这样矩阵 A 就成了以子块为元素的分块矩阵。在矩阵运算中，对矩阵做分块时需要掌握两个原则：第一是使得矩阵的子块像“数”一样满足矩阵运算的要求，不同的运算，要采用不同的分块方法。第二是使得运算尽量简单方便。

分块矩阵的运算和普通矩阵的运算规则相类似，详细说明如下。

(1) 加法。

设矩阵 $\boldsymbol{A}$、$\boldsymbol{B}$ 的行数和列数相同，对 $\boldsymbol{A}$、$\boldsymbol{B}$ 采用相同的分块法，有

$$\boldsymbol{A}=\begin{bmatrix}\boldsymbol{A}_{11} & \cdots & \boldsymbol{A}_{1t}\\ \vdots & & \vdots\\ \boldsymbol{A}_{s1} & \cdots & \boldsymbol{A}_{st}\end{bmatrix},\ \boldsymbol{B}=\begin{bmatrix}\boldsymbol{B}_{11} & \cdots & \boldsymbol{B}_{1t}\\ \vdots & & \vdots\\ \boldsymbol{B}_{s1} & \cdots & \boldsymbol{B}_{st}\end{bmatrix}$$

其中 $\boldsymbol{A}_{ij},\boldsymbol{B}_{ij}(i=1,2,\cdots,s;\ j=1,2,\cdots,t)$ 的行数和列数也相同，则

$$\boldsymbol{A}+\boldsymbol{B}=\begin{bmatrix}\boldsymbol{A}_{11}+\boldsymbol{B}_{11} & \cdots & \boldsymbol{A}_{1t}+\boldsymbol{B}_{1t}\\ \vdots & & \vdots\\ \boldsymbol{A}_{s1}+\boldsymbol{B}_{s1} & \cdots & \boldsymbol{A}_{st}+\boldsymbol{B}_{st}\end{bmatrix}$$

(2) 数乘。

设 $\boldsymbol{A}=\begin{bmatrix}\boldsymbol{A}_{11} & \cdots & \boldsymbol{A}_{1t}\\ \vdots & & \vdots\\ \boldsymbol{A}_{s1} & \cdots & \boldsymbol{A}_{st}\end{bmatrix}$，$\lambda$ 是数，则

$$\lambda\boldsymbol{A}=\begin{bmatrix}\lambda\boldsymbol{A}_{11} & \cdots & \lambda\boldsymbol{A}_{1t}\\ \vdots & & \vdots\\ \lambda\boldsymbol{A}_{s1} & \cdots & \lambda\boldsymbol{A}_{st}\end{bmatrix}$$

(3) 矩阵乘法。

设矩阵 $\boldsymbol{A}=(a_{ij})_{m\times s}$，$\boldsymbol{B}=(b_{ij})_{s\times n}$，且对 $\boldsymbol{A}$ 的列的分块方法与对 $\boldsymbol{B}$ 的行的分块方法相同，分块成

$$\boldsymbol{A}=\begin{bmatrix}\boldsymbol{A}_{11} & \cdots & \boldsymbol{A}_{1t}\\ \vdots & & \vdots\\ \boldsymbol{A}_{s1} & \cdots & \boldsymbol{A}_{st}\end{bmatrix},\ \boldsymbol{B}=\begin{bmatrix}\boldsymbol{B}_{11} & \cdots & \boldsymbol{B}_{1r}\\ \vdots & & \vdots\\ \boldsymbol{B}_{t1} & \cdots & \boldsymbol{B}_{tr}\end{bmatrix}$$

其中矩阵 $\boldsymbol{A}$ 的第 i 行的各子块 $\boldsymbol{A}_{i1},\boldsymbol{A}_{i2},\cdots,\boldsymbol{A}_{it}$ 的列数分别等于矩阵 $\boldsymbol{B}$ 的第 j 列的各子块 $\boldsymbol{B}_{1j},\boldsymbol{B}_{2j},\cdots,\boldsymbol{B}_{tj}$ 的行数，则

$$\boldsymbol{AB}=\begin{bmatrix}\boldsymbol{C}_{11} & \cdots & \boldsymbol{C}_{1r}\\ \vdots & & \vdots\\ \boldsymbol{C}_{s1} & \cdots & \boldsymbol{C}_{sr}\end{bmatrix}$$

其中

$$\boldsymbol{C}_{ij}=\sum_{k=1}^{t}\boldsymbol{A}_{ik}\boldsymbol{B}_{kj}=\boldsymbol{A}_{i1}\boldsymbol{B}_{1j}+\boldsymbol{A}_{i2}\boldsymbol{B}_{2j}+\cdots+\boldsymbol{A}_{it}\boldsymbol{B}_{tj}\quad(i=1,2,\cdots,s;\ j=1,2,\cdots,r)$$

例 2.14　求矩阵 $\boldsymbol{AB}$，其中

$$\boldsymbol{A}=\begin{bmatrix}-1 & 2 & 0 & 0\\ -1 & 3 & 0 & 0\\ 2 & 0 & 3 & 1\\ 0 & 2 & 2 & 0\end{bmatrix},\ \boldsymbol{B}=\begin{bmatrix}1 & 0 & 2 & 0\\ 0 & 1 & 3 & 1\\ 1 & -1 & 0 & 0\\ 0 & 1 & 0 & 0\end{bmatrix}$$

解　将矩阵 $\boldsymbol{A}$ 与 $\boldsymbol{B}$ 分块为

$$\boldsymbol{A}=\left[\begin{array}{cc|cc}-1 & 2 & 0 & 0\\ -1 & 3 & 0 & 0\\ \hline 2 & 0 & 3 & 1\\ 0 & 2 & 2 & 0\end{array}\right]=\begin{bmatrix}\boldsymbol{A}_{11} & \boldsymbol{O}\\ 2\boldsymbol{E} & \boldsymbol{A}_{22}\end{bmatrix}$$

$$\boldsymbol{B}=\left[\begin{array}{cc|cc}1 & 0 & 2 & 0\\ 0 & 1 & 3 & 1\\ \hline 1 & -1 & 0 & 0\\ 0 & 1 & 0 & 0\end{array}\right]=\begin{bmatrix}\boldsymbol{E} & \boldsymbol{B}_{12}\\ \boldsymbol{B}_{21} & \boldsymbol{O}\end{bmatrix}$$

有

$$\boldsymbol{AB}=\begin{bmatrix}\boldsymbol{A}_{11} & \boldsymbol{O}\\ 2\boldsymbol{E} & \boldsymbol{A}_{22}\end{bmatrix}\begin{bmatrix}\boldsymbol{E} & \boldsymbol{B}_{12}\\ \boldsymbol{B}_{21} & \boldsymbol{O}\end{bmatrix}=\begin{bmatrix}\boldsymbol{A}_{11} & \boldsymbol{A}_{11}\boldsymbol{B}_{12}\\ 2\boldsymbol{E}+\boldsymbol{A}_{22}\boldsymbol{B}_{21} & 2\boldsymbol{B}_{12}\end{bmatrix}$$

而

$$\boldsymbol{A}_{11}\boldsymbol{B}_{12}=\begin{bmatrix}-1 & 2\\ -1 & 3\end{bmatrix}\begin{bmatrix}2 & 0\\ 3 & 1\end{bmatrix}=\begin{bmatrix}4 & 2\\ 7 & 3\end{bmatrix}$$

$$2\boldsymbol{E}+\boldsymbol{A}_{22}\boldsymbol{B}_{21}=\begin{bmatrix}2 & 0\\ 0 & 2\end{bmatrix}+\begin{bmatrix}3 & 1\\ 2 & 0\end{bmatrix}\begin{bmatrix}1 & -1\\ 0 & 1\end{bmatrix}=\begin{bmatrix}2 & 0\\ 0 & 2\end{bmatrix}+\begin{bmatrix}3 & -2\\ 2 & -2\end{bmatrix}=\begin{bmatrix}5 & -2\\ 2 & 0\end{bmatrix}$$

则

$$\boldsymbol{AB}=\begin{bmatrix}-1 & 2 & 4 & 2\\ -1 & 3 & 7 & 3\\ 5 & -2 & 4 & 0\\ 2 & 0 & 6 & 2\end{bmatrix}$$

(4) 矩阵的转置。

$$\text{设 }\boldsymbol{A}=\begin{bmatrix}\boldsymbol{A}_{11} & \cdots & \boldsymbol{A}_{1t}\\ \vdots & & \vdots\\ \boldsymbol{A}_{s1} & \cdots & \boldsymbol{A}_{st}\end{bmatrix}\text{，则 }\boldsymbol{A}^{\mathrm{T}}=\begin{bmatrix}\boldsymbol{A}_{11}^{\mathrm{T}} & \cdots & \boldsymbol{A}_{s1}^{\mathrm{T}}\\ \vdots & & \vdots\\ \boldsymbol{A}_{1t}^{\mathrm{T}} & \cdots & \boldsymbol{A}_{st}^{\mathrm{T}}\end{bmatrix}$$

(5) 设 $\boldsymbol{A}$ 是 n 阶方阵，若它的分块矩阵只有在主对角线上有非零子块(且都是方阵)，其余子块都是零矩阵，即

$$\boldsymbol{A}=\begin{bmatrix}\boldsymbol{A}_1 & & & \boldsymbol{O}\\ & \boldsymbol{A}_2 & & \\ & & \ddots & \\ \boldsymbol{O} & & & \boldsymbol{A}_r\end{bmatrix}$$

其中 $\boldsymbol{A}_i\ (i=1,2,\cdots,r)$ 都是方阵，则称 $\boldsymbol{A}$ 是分块对角矩阵。

分块对角矩阵的行列式具有下述性质。

① $|\boldsymbol{A}|=|\boldsymbol{A}_1||\boldsymbol{A}_2|\cdots|\boldsymbol{A}_r|$。

② 若 $|\boldsymbol{A}_i|\neq 0\ (i=1,2,\cdots,r)$，则 $|\boldsymbol{A}|\neq 0$，$\boldsymbol{A}$ 可逆，并有

$$A^{-1}=\begin{bmatrix} A_1^{-1} & & & O \\ & A_2^{-1} & & \\ & & \ddots & \\ O & & & A_r^{-1} \end{bmatrix}$$

例 2.15　设 $A=\begin{bmatrix} -4 & 0 & 0 \\ 0 & 1 & -1 \\ 0 & -2 & 4 \end{bmatrix}$，求 A^{-1}。

解　将矩阵分成分块对角矩阵 $A=\left[\begin{array}{c|cc} -4 & 0 & 0 \\ \hline 0 & 1 & -1 \\ 0 & -2 & 4 \end{array}\right]=\begin{bmatrix} A_1 & O \\ O & A_2 \end{bmatrix}$，则

$$|A|=|A_1||A_2|=|-4|\begin{vmatrix} 1 & -1 \\ -2 & 4 \end{vmatrix}=-4\times 2=-8\neq 0$$

A 可逆。且 $A_1^{-1}=\begin{bmatrix} -\frac{1}{4} \end{bmatrix}$，$A_2^{-1}=\begin{bmatrix} 2 & \frac{1}{2} \\ 1 & \frac{1}{2} \end{bmatrix}$，所以 $A^{-1}=\begin{bmatrix} -\frac{1}{4} & 0 & 0 \\ 0 & 2 & \frac{1}{2} \\ 0 & 1 & \frac{1}{2} \end{bmatrix}$。

例 2.16　证明矩阵 $A=O$ 的充分必要条件是方阵 $A^{\mathrm{T}}A=O$。

证明　必要性是显然的，下面证明充分性。

设 $A=(a_{ij})_{m\times n}$，将 A 按列分块成 $A=[a_1,a_2,\cdots,a_n]$，则

$$A^{\mathrm{T}}A=\begin{bmatrix} a_1^{\mathrm{T}} \\ a_2^{\mathrm{T}} \\ \vdots \\ a_n^{\mathrm{T}} \end{bmatrix}[a_1 \quad a_2 \quad \cdots \quad a_n]=\begin{bmatrix} a_1^{\mathrm{T}}a_1 & a_1^{\mathrm{T}}a_2 & \cdots & a_1^{\mathrm{T}}a_n \\ a_2^{\mathrm{T}}a_1 & a_2^{\mathrm{T}}a_2 & \cdots & a_2^{\mathrm{T}}a_n \\ \vdots & \vdots & & \vdots \\ a_n^{\mathrm{T}}a_1 & a_n^{\mathrm{T}}a_2 & \cdots & a_n^{\mathrm{T}}a_n \end{bmatrix}$$

因为 $A^{\mathrm{T}}A=O$，故它的 (i,j) 元 $a_i^{\mathrm{T}}a_j=0\,(i,j=1,2,\cdots,n)$。特殊地，有

$$a_j^{\mathrm{T}}a_j=0\,(j=1,2,\cdots,n)$$

而

$$a_j^{\mathrm{T}}a_j=[a_{1j} \quad a_{2j} \quad \cdots \quad a_{mj}]\begin{bmatrix} a_{1j} \\ a_{2j} \\ \vdots \\ a_{mj} \end{bmatrix}=a_{1j}^2+a_{2j}^2+\cdots+a_{mj}^2=0$$

得

$$a_{1j}=a_{2j}=\cdots=a_{mj}=0\,(j=1,2,\cdots,n)$$

所以 $A=O$。

习　题

1. 设 $A=\begin{vmatrix}1 & 2\\-3 & 4\end{vmatrix}$，$B=\begin{bmatrix}1 & 2\\-3 & 4\end{bmatrix}$，$A$、$B$ 是否相等，为什么？

2. 矩阵 $A_{2\times3}$与$B_{3\times2}$ 是否为同型矩阵？

3. $[1\quad 2\quad 3]$ 和 $\begin{bmatrix}1\\2\\3\end{bmatrix}$ 是否为同型矩阵？

4. 矩阵 $O_{4\times2}$与$O_{2\times4}$ 是否相等？

5. 方阵 $E_2=\begin{bmatrix}1 & 0\\0 & 1\end{bmatrix}$与$E_3=\begin{bmatrix}1 & 0 & 0\\0 & 1 & 0\\0 & 0 & 1\end{bmatrix}$是否相等？

6. 设 A与B 都是 n 阶方阵，则下述命题正确的是(　　)。

A. 若 $|A|=|B|$，则必有 $A=B$　　B. 若 $A=B$，则必有 $|A|=|B|$

C. 若 $A=O$，则必有 $|A|=0$　　D. 若 $|A|=0$，则必有 $A=O$

7. 若 A、B、C 为矩阵，它们的行数和列数使下列各式有意义，下列结论中一定成立的是(　　)。

A. 若 $AB=O$，则 $A=O$ 或 $B=O$　　B. 若 $AB=AC$ 且 $A\neq O$，则 $B=C$

C. $(A+B)(A-B)=A^2-B^2$　　D. $(A+B)^2=A^2+2AB+B^2$

E. $(AB)C=A(BC)$　　F. $A(B+C)=AB+AC$

G. $(A+B)C=AC+BC$　　H. $k(AB)=(kA)B=A(kB)$，k 为常数

8. 若 A与B 为 $n\ (n>1)$ 阶方阵，下列结论中一定成立的是(　　)。

A. $|kA|=k|A|$　　B. $\left|\frac{1}{|A|}A\right|=1$

C. $|kA|=k^n|A|$　　D. $|AB|=|A||B|$

E. $|AB|=|BA|$　　F. $|A+B|=|A|+|B|$

G. 若 $A\neq O$，则 $|A|\neq 0$

9. 若 A与B 为矩阵，它们的行数和列数使下列各式有意义，下列结论中一定不成立的是(　　)。

A. $(A^{\mathrm T})^{\mathrm T}=A$　　B. $(A+B)^{\mathrm T}=A^{\mathrm T}+B^{\mathrm T}$

C. $(kA)^{\mathrm T}=kA^{\mathrm T}$　　D. $(AB)^{\mathrm T}=A^{\mathrm T}B^{\mathrm T}$

E. $(AB)^{\mathrm T}=B^{\mathrm T}A^{\mathrm T}$　　F. $|A|=|A^{\mathrm T}|$

10. 计算下列各题。

(1) $[-1\quad 0\quad 4]\begin{bmatrix}-2\\6\\-3\end{bmatrix}$；　(2) $\begin{bmatrix}4 & 0\\3 & 4\end{bmatrix}\begin{bmatrix}1 & -3 & 1\\4 & 0 & -2\end{bmatrix}$；

(3) $\begin{bmatrix} 3 & -3 \\ -3 & 3 \end{bmatrix}^2$；　　(4) $\begin{bmatrix} 1 & 1 & 1 \\ 1 & 1 & -1 \\ 1 & -1 & 1 \end{bmatrix}\begin{bmatrix} 1 & 2 & 3 \\ -1 & -2 & 4 \\ 0 & 5 & 1 \end{bmatrix}$；

(5) $\begin{bmatrix} 2 & 1 & 4 & 0 \\ 1 & -1 & 3 & 4 \end{bmatrix}\begin{bmatrix} 1 & 3 & 1 \\ 0 & -1 & 2 \\ 1 & -3 & 1 \\ 4 & 0 & -2 \end{bmatrix}$。

11. 设 $\boldsymbol{A}=\begin{bmatrix} 0 & 3 & -4 \\ 1 & 0 & 0 \\ 0 & 2 & 1 \end{bmatrix}$，$k$ 为非零常数，求 $|k\boldsymbol{A}|$ 及 $\big||\boldsymbol{A}|\boldsymbol{A}\big|$。

12. 已知 $\boldsymbol{A}=\begin{bmatrix} a_{11} & a_{12} & a_{13} \\ a_{21} & a_{22} & a_{23} \\ a_{31} & a_{32} & a_{33} \end{bmatrix}$，$\boldsymbol{B}=\begin{bmatrix} a_{11} & a_{12} & b_1 \\ a_{21} & a_{22} & b_2 \\ a_{31} & a_{32} & b_3 \end{bmatrix}$，若 $|\boldsymbol{A}|=1$，$|\boldsymbol{B}|=4$，求 $|3\boldsymbol{A}-\boldsymbol{B}|$。

13. 设 $\boldsymbol{A}=\begin{bmatrix} 3 & 1 \\ -2 & 0 \\ 0 & 5 \end{bmatrix}$，$\boldsymbol{B}=\begin{bmatrix} 0 & 1 & -4 \\ -2 & 5 & 3 \end{bmatrix}$，求 $3\boldsymbol{A}-2\boldsymbol{B}^{\mathrm{T}}$ 和 $\boldsymbol{AB}$。

14. 设 $\boldsymbol{A}=\begin{bmatrix} 1 & -1 & 2 \\ 3 & 0 & 2 \end{bmatrix}$，$\boldsymbol{B}=\begin{bmatrix} 4 & 3 & 0 \\ 2 & -1 & 1 \end{bmatrix}$，满足 $3\boldsymbol{A}=\boldsymbol{X}+2\boldsymbol{B}$，求矩阵 $\boldsymbol{X}$。

15. 求矩阵 $\boldsymbol{X}$，使它满足

$$\begin{bmatrix} 3 & -4 & 2 \\ 1 & 5 & -1 \\ 2 & 3 & 1 \end{bmatrix}+2\boldsymbol{X}=\begin{bmatrix} 4 & -4 & 0 \\ 0 & 1 & 5 \\ 6 & -1 & 3 \end{bmatrix}$$

16. 设 $\boldsymbol{A}$ 与 $\boldsymbol{B}$ 都是 n 阶方阵，证明

$$(\boldsymbol{A}+\boldsymbol{B})(\boldsymbol{A}-\boldsymbol{B})=\boldsymbol{A}^2-\boldsymbol{B}^2 \Leftrightarrow \boldsymbol{AB}=\boldsymbol{BA}$$

$$(\boldsymbol{A}-\boldsymbol{B})^2=\boldsymbol{A}^2-2\boldsymbol{AB}+\boldsymbol{B}^2 \Leftrightarrow \boldsymbol{AB}=\boldsymbol{BA}$$

17. 设 $\boldsymbol{A}$ 与 $\boldsymbol{B}$ 都是 n 阶对称阵，证明 $\boldsymbol{AB}$ 是对称阵的充分必要条件是 $\boldsymbol{AB}=\boldsymbol{BA}$。

18. 设 $f(x)=x^2-5x+3$，$\boldsymbol{A}=\begin{bmatrix} 2 & -1 \\ -3 & 3 \end{bmatrix}$，求 $f(\boldsymbol{A})$。

19. 设 $f(x)=x^2-2x-3$，$\boldsymbol{A}=\mathrm{diag}(1,2,3,4)$，求 $f(\boldsymbol{A})$。

20. 设 $\boldsymbol{A}$ 是元素都为 1 的 n $(n\geqslant 2)$ 阶方阵，求 $\boldsymbol{A}^2$。

21. 若 $\boldsymbol{A}=\begin{bmatrix} 1 & -1 & -1 & -1 \\ -1 & 1 & -1 & -1 \\ -1 & -1 & 1 & -1 \\ -1 & -1 & -1 & 1 \end{bmatrix}$，求 $\boldsymbol{A}^n$。

22. 设 $\boldsymbol{A}=\begin{bmatrix} 1 \\ 2 \\ 3 \end{bmatrix}$，$\boldsymbol{B}=\boldsymbol{A}\boldsymbol{A}^{\mathrm{T}}$，求 $\boldsymbol{B}^n$。

23. 下列矩阵为可逆矩阵的是(　　)，为什么？

A. $\begin{bmatrix} 2 & 4 \\ 15 & 8 \\ -6 & 7 \end{bmatrix}$　　B. $\begin{bmatrix} 2 & 7 & 10 \\ 0 & 4 & 9 \\ 0 & 0 & 6 \end{bmatrix}$　　C. $\begin{bmatrix} 2 & 1 & 3 \\ 4 & 2 & 6 \\ -1 & 0 & 1 \end{bmatrix}$　　D. $\begin{bmatrix} 1 & -4 \\ 2 & 6 \end{bmatrix}$

24. 下列命题正确的是(　　)，为什么？

A. 若 $\boldsymbol{A}$ 是 n 阶方阵，且 $\boldsymbol{A} \neq 0$，则 $\boldsymbol{A}$ 可逆

B. 若 $\boldsymbol{A}$ 是 n 阶方阵，则 $\boldsymbol{A}$ 可逆 $\Leftrightarrow$ $\boldsymbol{A}^{\mathrm{T}}$ 可逆

C. 若 $\boldsymbol{A}$ 是 n 阶方阵，且 $\boldsymbol{A}$ 可逆，则 $\boldsymbol{A}^*$ 可逆

D. 若 $\boldsymbol{A}$、$\boldsymbol{B}$ 都是 n 阶方阵，且 $\boldsymbol{A} \neq 0$，则 $\boldsymbol{A}+\boldsymbol{B}$ 可逆

25. 若 $\boldsymbol{A}$、$\boldsymbol{B}$ 均为 n 阶可逆矩阵，下列结论中一定成立的是(　　)。

A. $(\boldsymbol{A}^{-1})^{-1} = \boldsymbol{A}$　　B. $(\boldsymbol{A}+\boldsymbol{B})^{-1} = \boldsymbol{A}^{-1} + \boldsymbol{B}^{-1}$

C. $(k\boldsymbol{A})^{-1} = k\boldsymbol{A}^{-1}$　　D. $(k\boldsymbol{A})^{-1} = \dfrac{1}{k}\boldsymbol{A}^{-1}\quad (k \neq 0)$

E. $(\boldsymbol{AB})^{-1} = \boldsymbol{A}^{-1}\boldsymbol{B}^{-1}$　　F. $(\boldsymbol{AB})^{-1} = \boldsymbol{B}^{-1}\boldsymbol{A}^{-1}$

G. $|\boldsymbol{A}^{-1}| = |\boldsymbol{A}|^{-1}$

26. 若 $\boldsymbol{A}$ 为 n 阶可逆矩阵 $(n \geqslant 2)$，$\boldsymbol{A}^*$ 为 $\boldsymbol{A}$ 的伴随矩阵，下列结论中一定不成立的是(　　)。

A. $\boldsymbol{A}\boldsymbol{A}^* = \boldsymbol{A}^*\boldsymbol{A} = |\boldsymbol{A}|\boldsymbol{E}$　　B. $\boldsymbol{A}^{-1} = \dfrac{1}{|\boldsymbol{A}|}\boldsymbol{A}^*$

C. $\boldsymbol{A}^* = |\boldsymbol{A}|\boldsymbol{A}^{-1}$　　D. $(\boldsymbol{A}^*)^{-1} = \dfrac{1}{|\boldsymbol{A}|}\boldsymbol{A}$

E. $\boldsymbol{A}^{-1}(\boldsymbol{A}^{-1})^* = (\boldsymbol{A}^{-1})^*\boldsymbol{A}^{-1} = |\boldsymbol{A}^{-1}|\boldsymbol{E}$　　F. $(\boldsymbol{A}^{-1})^* = |\boldsymbol{A}^{-1}|\boldsymbol{A}$

G. $(\boldsymbol{A}^*)^{-1} = (\boldsymbol{A}^{-1})^*$　　H. $|\boldsymbol{A}^*| = |\boldsymbol{A}|^{n-1}$

I. $|\boldsymbol{A}^*| = |\boldsymbol{A}|^{n}$

27. 若 $\boldsymbol{A} = \begin{bmatrix} 1 & 2 & 0 \\ 0 & 3 & 1 \\ 1 & 3 & 0 \end{bmatrix}$，$\boldsymbol{B} = \begin{bmatrix} 2 & 3 & 4 \\ 0 & 5 & 6 \\ 0 & 0 & 7 \end{bmatrix}$，求 $|\boldsymbol{AB}^{-1}|$。

28. 设 $\boldsymbol{A} = \begin{bmatrix} 1 & 2 & 3 \\ 0 & 2 & 1 \\ 0 & 0 & 3 \end{bmatrix}$，求 $\left|\dfrac{1}{2}\boldsymbol{A}^*\right|$。

29. 求逆矩阵：

(1) $\begin{bmatrix} 7 & -1 \\ -4 & 6 \end{bmatrix}$；　(2) $\begin{bmatrix} 2 & -6 \\ 0 & 15 \end{bmatrix}$；　(3) $\begin{bmatrix} 2 & 1 \\ 5 & 3 \end{bmatrix}$；

(4) $\begin{bmatrix} -1 & 0 & 3 \\ 2 & 8 & 0 \\ 0 & 4 & 7 \end{bmatrix}$；　(5) $\begin{bmatrix} 1 & 2 & 2 \\ 2 & 1 & -2 \\ 2 & -2 & 1 \end{bmatrix}$；　(6) $\begin{bmatrix} 1 & 2 & 3 \\ 2 & 2 & 1 \\ 3 & 1 & 3 \end{bmatrix}$。

30. 设 $\boldsymbol{A}^*=\begin{bmatrix}1&0&0\\0&2&0\\0&0&3\end{bmatrix}$，求 $\boldsymbol{A}$。

31. 解矩阵方程。

(1) $\begin{bmatrix}1&2\\3&4\end{bmatrix}\boldsymbol{X}=\begin{bmatrix}3&5\\5&9\end{bmatrix}$；　　(2) $\boldsymbol{X}\begin{bmatrix}2&1&-1\\2&1&0\\1&-1&1\end{bmatrix}=\begin{bmatrix}1&-1&3\\4&3&2\end{bmatrix}$；

(3) $\begin{bmatrix}1&0&1\\0&1&0\\0&0&1\end{bmatrix}\boldsymbol{X}=\begin{bmatrix}1&2\\3&4\\5&6\end{bmatrix}$；　　(4) $\begin{bmatrix}1&1\\2&4\end{bmatrix}\boldsymbol{X}\begin{bmatrix}3&1\\6&4\end{bmatrix}=\begin{bmatrix}2&3\\3&4\end{bmatrix}$。

32. 设 $\boldsymbol{A}=\begin{bmatrix}1&0&1\\0&2&0\\1&0&1\end{bmatrix}$，且 $\boldsymbol{AB}+\boldsymbol{E}=\boldsymbol{A}^2+\boldsymbol{B}$，求 $\boldsymbol{B}$。

33. 设 $\boldsymbol{A}=\begin{bmatrix}1&0&2\\2&0&-1\\3&2&-1\end{bmatrix}$，且 $\boldsymbol{AB}-\boldsymbol{E}=-2\boldsymbol{B}$，求 $\boldsymbol{B}$。

34. 已知 $\boldsymbol{A}$ 为三阶方阵，且 $|\boldsymbol{A}|=3$，求：(1) $|\boldsymbol{A}^{-1}|$；(2) $|\boldsymbol{A}^*|$；(3) $|-2\boldsymbol{A}|$。

35. 已知 $\boldsymbol{A}$ 是三阶方阵，且 $|\boldsymbol{A}|=2$，求：(1) $|\boldsymbol{A}^{-1}|$；(2) $|\boldsymbol{A}^*|$；(3) $|3\boldsymbol{A}|$；(4) $|(3\boldsymbol{A})^{-1}|$；(5) $|(3\boldsymbol{A})^{-1}-4\boldsymbol{A}^*|$。

36. 设矩阵 $\boldsymbol{A}$ 可逆，证明它的伴随矩阵 $\boldsymbol{A}^*$ 可逆，且 $(\boldsymbol{A}^*)^{-1}=(\boldsymbol{A}^{-1})^*$。

37. 若 $\boldsymbol{A},\boldsymbol{B}$ 为同阶可逆矩阵，证明 $(\boldsymbol{AB})^*=\boldsymbol{B}^*\boldsymbol{A}^*$。

38. 设 n 阶方阵 $\boldsymbol{A}$ 满足 $\boldsymbol{A}^2+\boldsymbol{A}-4\boldsymbol{E}=\boldsymbol{O}$，证明 $\boldsymbol{A}$ 及 $\boldsymbol{A}-\boldsymbol{E}$ 都是可逆矩阵，并写出 $\boldsymbol{A}^{-1}$ 及 $(\boldsymbol{A}-\boldsymbol{E})^{-1}$。

39. 设方阵 $\boldsymbol{A}$ 满足 $\boldsymbol{A}^2-\boldsymbol{A}-3\boldsymbol{E}=\boldsymbol{O}$，证明 $\boldsymbol{A}$ 和 $\boldsymbol{A}-2\boldsymbol{E}$ 都可逆，并求出 $\boldsymbol{A}^{-1}$ 和 $(\boldsymbol{A}-2\boldsymbol{E})^{-1}$。

40. 设三阶方阵 $\boldsymbol{A}$ 与 $\boldsymbol{B}$ 满足恒等式 $\boldsymbol{A}^{-1}\boldsymbol{BA}=6\boldsymbol{A}+\boldsymbol{BA}$，且

$$\boldsymbol{A}=\begin{bmatrix}\frac{1}{3}&0&0\\0&\frac{1}{4}&0\\0&0&\frac{1}{5}\end{bmatrix}$$

求三阶方阵 $\boldsymbol{B}$。

41. 设 $\boldsymbol{A}^2=\boldsymbol{A}$，试证明 $\boldsymbol{A}-3\boldsymbol{E}$ 为可逆阵，并求 $(\boldsymbol{A}-3\boldsymbol{E})^{-1}$。

42. 将矩阵适当分块后计算。

(1) $\begin{bmatrix}1 & -1 & 1 & 0\\0 & 2 & 0 & 1\\0 & 0 & 2 & -1\\0 & 0 & 3 & 0\end{bmatrix}\begin{bmatrix}1 & 0 & 0 & 0\\0 & 1 & 0 & 0\\0 & 0 & 2 & 0\\0 & 0 & 3 & 2\end{bmatrix}$；(2) $\begin{bmatrix}2 & 0 & 0 & 1 & 0\\0 & 2 & 0 & 0 & 1\\0 & 0 & 2 & 1 & -2\\0 & 0 & 0 & 1 & 3\\0 & 0 & 0 & 0 & 1\end{bmatrix}\begin{bmatrix}1 & 0 & 1\\0 & 1 & 1\\1 & 0 & 1\\0 & 1 & 0\\0 & 0 & 1\end{bmatrix}$。

43. 设 $\boldsymbol{A}=\begin{bmatrix}2 & 1 & 0 & 0 & 0\\-1 & 4 & 0 & 0 & 0\\0 & 0 & 1 & 0 & 4\\0 & 0 & 3 & 0 & 2\\0 & 0 & 11 & 2 & 0\end{bmatrix}$，求 $\boldsymbol{A}^{\mathrm{T}}$ 和 $|\boldsymbol{A}|$。

44. 将矩阵适当分块后求矩阵的逆。

(1) $\begin{bmatrix}1 & 2 & 0 & 0\\3 & 4 & 0 & 0\\0 & 0 & -1 & 3\\0 & 0 & 0 & 5\end{bmatrix}$；　(2) $\begin{bmatrix}0 & 0 & 3 & 4\\0 & 0 & -2 & 1\\1 & -2 & 0 & 0\\2 & 1 & 0 & 0\end{bmatrix}$；(3) $\begin{bmatrix}2 & 3 & 0 & 0 & 0\\-4 & 5 & 0 & 0 & 0\\0 & 0 & 2 & 0 & 0\\0 & 0 & 0 & 3 & 0\\0 & 0 & 0 & 0 & 4\end{bmatrix}$。

45. 求分块矩阵的逆。

(1) $\begin{bmatrix}\boldsymbol{A}_1 & \boldsymbol{O} & \boldsymbol{O}\\\boldsymbol{O} & \boldsymbol{A}_2 & \boldsymbol{O}\\\boldsymbol{O} & \boldsymbol{O} & \boldsymbol{A}_3\end{bmatrix}$；　(2) $\begin{bmatrix}\boldsymbol{O} & \boldsymbol{O} & \boldsymbol{B}_1\\\boldsymbol{O} & \boldsymbol{B}_2 & \boldsymbol{O}\\\boldsymbol{B}_3 & \boldsymbol{O} & \boldsymbol{O}\end{bmatrix}$。

第 3 章　矩阵的初等变换与线性方程组

由第 2 章可以看到，当我们引进矩阵的运算和逆矩阵等概念后，矩阵的作用逐渐显露出来了。本章再引进矩阵的初等变换和秩的概念，并利用初等变换讨论矩阵的性质；然后利用矩阵的秩讨论线性方程组是否有解，有解时又有什么样的解，并方便地求出它的解。矩阵是线性代数研究数学问题的重要工具，对矩阵进行初等变换是矩阵运算比较常用的方法，矩阵初等变换的应用十分广泛，贯穿于线性代数的始终。

3.1　矩阵的初等变换

矩阵的初等变换是矩阵的一种十分重要的运算，它在解线性方程组、求逆阵的矩阵理论的探讨中都可起重要的作用。

为引进矩阵的初等变换，先来分析用高斯消元法解线性方程组的例子。

例 3.1　用高斯消元法求解线性方程组

$$\begin{cases} 2x_1 - x_2 + 2x_3 = -1 & ① \\ x_1 + x_2 + 4x_3 = 1 & ② \\ 4x_1 - 6x_2 - 4x_3 = -6 & ③ \end{cases} \tag{A}$$

解　整理方程组

$$(A) \xrightarrow[③\div 2]{①\leftrightarrow②} \begin{cases} x_1 + x_2 + 4x_3 = 1 & ① \\ 2x_1 - x_2 + 2x_3 = -1 & ② \\ 2x_1 - 3x_2 - 2x_3 = -3 & ③ \end{cases} \tag{A$_1$}$$

消去②、③的变量 x_1，得

$$(A_1) \xrightarrow[③-2\times①]{②-③} \begin{cases} x_1 + x_2 + 4x_3 = 1 & ① \\ 2x_2 + 4x_3 = 2 & ② \\ -5x_2 - 10x_3 = -5 & ③ \end{cases} \tag{A$_2$}$$

消去③的变量 x_2，得

$$(A_2)\xrightarrow[③-②]{②\div 2 \atop ③\div(-5)}\begin{cases} x_1+x_2+4x_3=1 & ① \\ \quad\ \ x_2+2x_3=1 & ② \\ \qquad\qquad 0=0 & ③ \end{cases} \tag{A_3}$$

消去①中的变量 x_2，得

$$(A_3)\xrightarrow{①-②}\begin{cases} x_1 \qquad +2x_3=0 & ① \\ \quad\ \ x_2+2x_3=1 & ② \\ \qquad\qquad 0=0 & ③ \end{cases} \tag{A_4}$$

从 (A_4) 中得到原方程组 (A) 的同解方程组

$$\begin{cases} x_1=-2x_3 \\ x_2=-2x_3+1 \end{cases}$$

令 $x_3=c$，方程组的通解为

$$\begin{cases} x_1=-2c \\ x_2=-2c+1 \\ x_3=c \end{cases}$$

其中 c 为任意常数。

分析例 3.1，我们对方程组施行了三种变换。

(1) 交换两个方程的次序，记作 $r_i \leftrightarrow r_j$；

(2) 用不为零的数同乘(或同除)某一个方程，记作 $r_i\times k$；

(3) 用不为零的数同乘一个方程加到另一个方程上，记作 $r_i+k\times r_j$。

称这三种变换为线性方程组的初等变换。

消元法的实质就是变换出与原方程组等价的、比较容易求解的方程组。在变化的过程中，只有方程组的系数和常数项发生了相应的变化，而未知量并未参与运算。所以我们简化上述书写过程，用矩阵的变换来表示线性方程组的相应变换。

设线性方程组为

$$\left.\begin{matrix} a_{11}x_1+a_{12}x_2+\cdots+a_{1n}x_n=b_1 \\ a_{21}x_1+a_{22}x_2+\cdots+a_{2n}x_n=b_2 \\ \vdots \qquad \vdots \qquad\qquad \vdots \quad \vdots \\ a_{m1}x_1+a_{m2}x_2+\cdots+a_{mn}x_n=b_m \end{matrix}\right\} \tag{3.1}$$

若记

$$\boldsymbol{A}=(\boldsymbol{a}_{ij})_{m\times n}=\begin{bmatrix} a_{11} & a_{12} & \cdots & a_{1n} \\ a_{21} & a_{22} & \cdots & a_{2n} \\ \vdots & \vdots & & \vdots \\ a_{m1} & a_{m2} & \cdots & a_{mn} \end{bmatrix},\ \boldsymbol{X}=\begin{bmatrix} x_1 \\ x_2 \\ \vdots \\ x_n \end{bmatrix},\ \boldsymbol{b}=\begin{bmatrix} \boldsymbol{b}_1 \\ \boldsymbol{b}_2 \\ \vdots \\ \boldsymbol{b}_m \end{bmatrix}$$

按分块矩阵写法，记 $\boldsymbol{B}=[\boldsymbol{A}\mid\boldsymbol{b}]$或$\boldsymbol{B}=(\boldsymbol{A},\ \boldsymbol{b})=\begin{bmatrix} a_{11} & a_{12} & \cdots & a_{1n} & b_1 \\ a_{21} & a_{22} & \cdots & a_{2n} & b_2 \\ \vdots & \vdots & & \vdots & \vdots \\ a_{m1} & a_{m2} & \cdots & a_{mn} & b_m \end{bmatrix}$，其中 $\boldsymbol{A}$ 称为系数

矩阵，$\boldsymbol{X}$ 称为未知数向量，$\boldsymbol{b}$ 称为常数项向量，$\boldsymbol{B}$ 称为增广矩阵。

由矩阵乘法可知，方程组(3.1)就可写成

$$\boldsymbol{AX}=\boldsymbol{b}$$

忽略变量 $\boldsymbol{X}$，方程组(3.1)就和增广矩阵 $\boldsymbol{B}$ 对应。把高斯消元法的三种基本运算移植到矩阵 $\boldsymbol{B}$ 中就得到矩阵的三种初等变换。

定义 3.1　对于矩阵 $\boldsymbol{B}_{m\times n}$，下面的三种变换称为矩阵的初等行变换。

(1) 对调两行(对调 i,j 两行，记作 $r_i \leftrightarrow r_j$)；

(2) 用数 $k\neq 0$ 乘以某行的所有元素(第 i 行乘以数 k，记作 $r_i\times k$)；

(3) 把某一行所有元素的 k 倍，加到另一行的对应元素上去(把第 j 行的 k 倍，加到第 i 行上去，记作 r_i+kr_j)。其中，$i,j\leqslant m$。

即高斯消元法和矩阵的初等行变换对应。

若把定义 3.1 中的“行”换成“列”，就得到矩阵的初等列变换的定义(所有记号中把“r”换成“c”)。其中，$i,j\leqslant n$。

矩阵的初等行变换和初等列变换，统称为初等变换。

这样就把高斯消元法的三种基本运算转变成矩阵的初等变换。显然，这三种初等变换是可逆的，且其逆变换是同一类型的初等变换。

(1) 变换 $r_i\leftrightarrow r_j$ 的逆变换就是它本身；

(2) 变换 $r_i\times k$ 的逆变换是 $r_i\div k$ $\left(\text{或为} r_i\times\dfrac{1}{k}\right)$；

(3) 变换 r_i+kr_j 的逆变换是 r_i-kr_j。

于是，可以对线性方程组的增广矩阵实施初等行变换以求解线性方程组。

下面，我们使用矩阵的初等行变换再次求解方程组(A)：

方程组(A)$\leftrightarrow$增广矩阵 $\boldsymbol{B}$，即

$$\boldsymbol{B}=\begin{bmatrix}2 & -1 & 2 & -1\\ 1 & 1 & 4 & 1\\ 4 & -6 & -4 & -6\end{bmatrix}$$

$$\xrightarrow[r_3\div 2]{r_1\leftrightarrow r_2}\begin{bmatrix}1 & 1 & 4 & 1\\ 2 & -1 & 2 & -1\\ 2 & -3 & -2 & -3\end{bmatrix}=\boldsymbol{B}_1$$

$$\xrightarrow[r_3-2r_1]{r_2-r_3}\begin{bmatrix}1 & 1 & 4 & 1\\ 0 & 2 & 4 & 2\\ 0 & -5 & -10 & -5\end{bmatrix}=\boldsymbol{B}_2$$

$$\xrightarrow[]{\substack{r_2\div 2\\ r_3\div(-5)}}\begin{bmatrix}1 & 1 & 4 & 1\\ 0 & 1 & 2 & 1\\ 0 & 1 & 2 & 1\end{bmatrix}=\boldsymbol{B}_3$$

$$\xrightarrow{r_3-r_2}\begin{bmatrix}1&1&4&1\\0&1&2&1\\0&0&0&0\end{bmatrix}=\boldsymbol{B}_4$$

$$\xrightarrow{r_1-r_2}\begin{bmatrix}1&0&2&0\\0&1&2&1\\0&0&0&0\end{bmatrix}=\boldsymbol{B}_5$$

矩阵 $\boldsymbol{B}_5$ 对应最后的同解方程组 $\begin{cases}x_1 \qquad +2x_3=0\\ x_2+2x_3=1\end{cases}$

令 $x_3=c$，得方程组的通解为

$$\begin{cases}x_1=-2c\\x_2=-2c+1\\x_3=c\end{cases}$$

或解向量为

$$\boldsymbol{X}=\begin{bmatrix}x_1\\x_2\\x_3\end{bmatrix}=\begin{bmatrix}-2c\\-2c+1\\c\end{bmatrix}=c\begin{bmatrix}-2\\-2\\1\end{bmatrix}+\begin{bmatrix}0\\1\\0\end{bmatrix}$$

其中 c 为任意常数。

矩阵 $\boldsymbol{B}_4$，$\boldsymbol{B}_5$ 被称为行阶梯形矩阵，其特点是：从第 1 行的第一个非零的数开始，可画一条阶梯线，线的下方元素全为 0；每个台阶只有一行，台阶数即是非零行的行数，阶梯线的竖线(每段竖线的长度为一行)后面的第一个元素为非零元素，也就是非零行的第一个非零元。

行阶梯形矩阵 $\boldsymbol{B}_5$ 又被称为行最简形矩阵，其特点：首先是阶梯形矩阵，其次是非零行的第一个非零元为 1，且这些非零元所在列的其他元素都为 0。

对方程组的增广矩阵 $\boldsymbol{B}$ 实施初等行变换使其变换成如 $\boldsymbol{B}_5$ 型的行最简形矩阵，它对应着原方程组的最后的同解方程组，从这个方程组就能求出方程组的解。

用归纳法不难证明以下结论成立。

(1) 对任何的矩阵 $\boldsymbol{A}_{m\times n}$，总可以经过有限次初等行变换把它变换为行阶梯形矩阵和行最简形矩阵。

利用初等行变换把一个矩阵变换为行阶梯形矩阵或行最简形矩阵，是一种很重要的运算。而对行最简形矩阵再实施初等列变换，就会得到一个形状更简单的矩阵，称为标准形。

例如，行最简形矩阵

$$\boldsymbol{B}_5=\begin{bmatrix}1&0&2&0\\0&1&2&1\\0&0&0&0\end{bmatrix}\xrightarrow[\substack{c_3-2c_2\\c_4-c_2}]{c_3-2c_1}\begin{bmatrix}1&0&0&0\\0&1&0&0\\0&0&0&0\end{bmatrix}=\begin{bmatrix}\boldsymbol{E}_2&\boldsymbol{O}\\\boldsymbol{O}&\boldsymbol{O}\end{bmatrix}=\boldsymbol{F}$$

矩阵 $\boldsymbol{F}$ 称为矩阵 $\boldsymbol{B}_5$ 或矩阵 $\boldsymbol{B}$ 的标准形，其特点是：$\boldsymbol{F}$ 的左上角是一个单位矩阵，而其余元素全为 0。

(2) 对任何矩阵 $\boldsymbol{A}_{m\times n}$，总可以经过有限次初等变换(行变换和列变换)把它化成标准形

$$\begin{bmatrix} \boldsymbol{E}_r & \boldsymbol{O} \\ \boldsymbol{O} & \boldsymbol{O} \end{bmatrix}_{m\times n}$$

此标准形由 m、n、r 三个数完全确定，其中 r 是行阶梯形矩阵中非零行的行数，且它是唯一确定的。

下面介绍与初等变换密切相关的初等矩阵。

定义 3.2　由单位矩阵 $\boldsymbol{E}$ 经过一次初等变换得到的矩阵称为初等矩阵。

那么三种初等变换对应了三种初等矩阵。

(1) 把单位矩阵中的第 i,j 两行互换(或第 i,j 两列互换)，得到第一种初等矩阵 $\boldsymbol{E}(i,j)$。

$$\begin{array}{c} \begin{array}{ccc} \text{第}i\text{列} & \qquad\qquad & \text{第}j\text{列} \\ \downarrow & & \downarrow \end{array} \\ \boldsymbol{E}(i,j)=\begin{bmatrix} 1 &&&&&&&&&& \\ & \ddots &&&&&&&&& \\ && 1 &&&&&&&& \\ &&& 0 & \cdots & \cdots & \cdots & 1 &&& \\ &&& \vdots & 1 &&& \vdots &&& \\ &&& \vdots && \ddots && \vdots &&& \\ &&& \vdots &&& 1 & \vdots &&& \\ &&& 1 & \cdots & \cdots & \cdots & 0 &&& \\ &&&&&&&& 1 && \\ &&&&&&&&& \ddots & \\ &&&&&&&&&& 1 \end{bmatrix} \begin{array}{l} \\ \\ \\ \leftarrow\text{第}i\text{行} \\ \\ \\ \\ \leftarrow\text{第}j\text{行} \\ \\ \\ \\ \end{array} \end{array}$$

(2) 把数 $k\neq 0$ 乘以单位矩阵的第 i 行(或第 i 列)，得到第二种初等矩阵 $\boldsymbol{E}(i(k))$。

$$\begin{array}{c} \begin{array}{c} \text{第}i\text{列} \\ \downarrow \end{array} \\ \boldsymbol{E}(i(k))=\begin{bmatrix} 1 &&&&&& \\ & \ddots &&&&& \\ && 1 &&&& \\ &&& k &&& \\ &&&& 1 && \\ &&&&& \ddots & \\ &&&&&& 1 \end{bmatrix} \begin{array}{l} \\ \\ \\ \leftarrow\text{第}i\text{行} \\ \\ \\ \\ \end{array} \end{array}$$

(3) 把数 k 乘以单位矩阵的第 j 行加到第 i 行上(或把数 k 乘单位矩阵的第 i 列加到第 j 列上)，得到第三种初等矩阵 $\boldsymbol{E}(i+j(k),j)$ 或 $\boldsymbol{E}(j,i+j(k))$。

当 $i<j$ 时，有

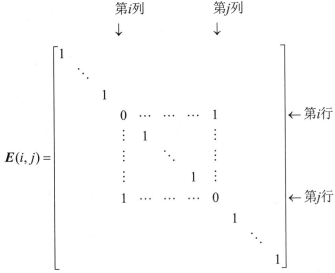

$$
\begin{array}{c}
\qquad\qquad\qquad\qquad\text{第}i\text{列}\quad\text{第}j\text{列} \\
\qquad\qquad\qquad\qquad\downarrow\qquad\quad\downarrow
\end{array}
$$

$$
\boldsymbol{E}(i+j(k),j)=\begin{bmatrix}
1 & & & & & & \\
& \ddots & & & & & \\
& & 1 & \cdots & k & & \\
& & & \ddots & \vdots & & \\
& & & & 1 & & \\
& & & & & \ddots & \\
& & & & & & 1
\end{bmatrix}
\begin{matrix}
\\ \\ \leftarrow \text{第}i\text{行} \\ \\ \leftarrow \text{第}j\text{行} \\ \\ \\
\end{matrix}
$$

当$i>j$时，有

$$
\begin{array}{c}
\qquad\qquad\qquad\qquad\text{第}j\text{列}\quad\text{第}i\text{列} \\
\qquad\qquad\qquad\qquad\downarrow\qquad\quad\downarrow
\end{array}
$$

$$
\boldsymbol{E}(j,i+j(k))=\begin{bmatrix}
1 & & & & & & \\
& \ddots & & & & & \\
& & 1 & & & & \\
& & \vdots & \ddots & & & \\
& & k & \cdots & 1 & & \\
& & & & & \ddots & \\
& & & & & & 1
\end{bmatrix}
\begin{matrix}
\\ \\ \leftarrow \text{第}j\text{行} \\ \\ \leftarrow \text{第}i\text{行} \\ \\ \\
\end{matrix}.
$$

很容易证明初等矩阵有如下性质。

性质 3.1　设 $\boldsymbol{A}$ 是一个 $m\times n$ 矩阵，对 $\boldsymbol{A}$ 实施一次初等行变换，相当于在 $\boldsymbol{A}$ 的左边乘以相应的 m 阶初等矩阵；对 $\boldsymbol{A}$ 实施一次初等列变换，相当于在 $\boldsymbol{A}$ 的右边乘以相应的 n 阶初等矩阵。

举例如下。

(1)　把矩阵 $\boldsymbol{A}$ 左乘第二种初等矩阵 $\boldsymbol{E}(2(3))$，即

$$
\boldsymbol{E}(2(3))\boldsymbol{A}=\begin{bmatrix}1&0&0\\0&3&0\\0&0&1\end{bmatrix}\begin{bmatrix}1&-1&3&0\\2&-1&1&2\\3&4&0&1\end{bmatrix}=\begin{bmatrix}1&-1&3&0\\6&-3&3&6\\3&4&0&1\end{bmatrix}
$$

就相当于对矩阵 $\boldsymbol{A}$ 做第 2 行乘以 3 的行变换：

$$
\boldsymbol{A}=\begin{bmatrix}1&-1&3&0\\2&-1&1&2\\3&4&0&1\end{bmatrix}\xrightarrow{r_2\times 3}\begin{bmatrix}1&-1&3&0\\6&-3&3&6\\3&4&0&1\end{bmatrix}
$$

(2)　把矩阵 $\boldsymbol{B}$ 右乘第二种初等矩阵 $\boldsymbol{E}(2(2))$，即

$$
\boldsymbol{BE}(2(2))=\begin{bmatrix}1&-1&3&0\\2&-1&1&2\\3&4&0&1\end{bmatrix}\begin{bmatrix}1&0&0&0\\0&2&0&0\\0&0&1&0\\0&0&0&1\end{bmatrix}=\begin{bmatrix}1&-2&3&0\\2&-2&1&2\\3&8&0&1\end{bmatrix}
$$

相当于对矩阵 $\boldsymbol{B}$ 做第 2 列乘以 2 的列变换：

$$B=\begin{bmatrix}1&-1&3&0\\2&-1&1&2\\3&4&0&1\end{bmatrix}\xrightarrow{c_2\times 2}\begin{bmatrix}1&-2&3&0\\2&-2&1&2\\3&8&0&1\end{bmatrix}$$

其他两种情况，读者可自行验证。

性质 3.2　初等矩阵是可逆矩阵，且它们的逆矩阵都是同一种类型的初等矩阵。

具体地有：

$$E(i,j)^{-1}=E(i,j)$$

$$E(i(k))^{-1}=E\left(i\left(\frac{1}{k}\right)\right)$$

$$E(i+j(k),j)^{-1}=E(i+j(-k),j)$$

3.2　初等变换和矩阵的逆矩阵

本节介绍使用矩阵的初等变换求逆矩阵的方法。

定义 3.3　若矩阵 A 经过有限次初等行变换化成矩阵 B，则称矩阵 A与B **行等价**，记作 $A\overset{r}{\sim}B$；若矩阵 A 经过有限次初等列变换化成矩阵 B，则称矩阵 A与B **列等价**，记作 $A\overset{c}{\sim}B$；若矩阵 A 经过有限次初等变换化成矩阵 B，则称矩阵 A与B **等价**，记作 $A\sim B$。

矩阵之间的等价关系具有下列性质。

性质 3.3

(1) 反身性：$A\sim A$；

(2) 对称性：若 $A\sim B$，则 $B\sim A$；

(3) 传递性：若 $A\sim B$，$B\sim C$，则 $A\sim C$。

定理 3.1　方阵 A 可逆的充分必要条件是存在有限个初等矩阵 $P_1,P_2,\cdots,P_s$，使

$$A=P_1P_2\cdots P_s$$

证明　(充分性)因为 $A=P_1P_2\cdots P_s$，且初等矩阵可逆，则有限个初等矩阵的积仍可逆，所以方阵 A 可逆。

(必要性)设 n 阶方阵 A 可逆，由 3.1 节的结论知，矩阵 A 可以经过有限次的初等变换化成标准形矩阵，即

$$F=\begin{bmatrix}E_r&O\\O&O\end{bmatrix}_{n\times n}$$

既然 $A\sim F$，也有 $F\sim A$，故存在初等矩阵 $P_1,P_2,\cdots,P_s$，使

$$A=P_1\cdots P_tFP_{t+1}\cdots P_s$$

又因为 A 可逆，所以 $P_1,P_2,\cdots,P_s$ 可逆，故 F 可逆。又假设 F 中的 $r<n$，则有 $|F|=0$，这与 F 可逆相矛盾，故有 $r=n$，即 $F=E$，从而

$$A=P_1P_2\cdots P_s$$

定理 3.2　设 A与B 是 $m\times n$ 矩阵，那么

(1) $A\overset{r}{\sim}B$ 的充分必要条件是存在 m 阶可逆矩阵 P，使 $PA=B$；

(2) $A \overset{c}{\sim} B$ 的充分必要条件是存在 n 阶可逆矩阵 Q，使 $AQ = B$；

(3) $A \sim B$ 的充分必要条件是存在 m 阶可逆矩阵 P 和 n 阶可逆矩阵 Q，使 $PAQ = B$。

证明　(1)根据定义 3.3 的矩阵行等价和定理 3.1 可知：

$A \overset{r}{\sim} B \Leftrightarrow A$ 经过有限次初等行变换化成 $B \Leftrightarrow$ 存在有限个 m 阶初等矩阵 $P_1, P_2, \cdots, P_s$，使 $P_1P_2\cdots P_sA = B \Leftrightarrow$ 存在 m 阶可逆矩阵 $P = P_1P_2\cdots P_s$，使 $PA = B$。

类似地，可以证明(2)和(3)。

推论 3.1　方阵 A 可逆的充分必要条件是 $A \overset{r}{\sim} E$。

证明　由逆矩阵的定义和定理 3.1 可知，A 可逆 $\Leftrightarrow$ 存在可逆矩阵 P，使 $PA = E \Leftrightarrow A \overset{r}{\sim} E$。

推论 3.2　方阵 A 可逆的充分必要条件是 $A \overset{c}{\sim} E$。

证明　由逆矩阵的定义和定理 3.2，有

A 可逆 $\Leftrightarrow$ 存在可逆矩阵 Q，使 $AQ = E \Leftrightarrow A \overset{c}{\sim} E$。

在这里，推论 3.1 和推论 3.2 再次给出了方阵 A 可逆的充分必要条件，同时也给出另一种求逆矩阵的方法。其原理如下。

假设方阵 A 可逆，则 $A \overset{r}{\sim} E$，即存在有限个初等矩阵 $P_1, P_2, \cdots, P_s$，使

$$P_1P_2\cdots P_sA = E \tag{3.2}$$

$$P_1P_2\cdots P_s = A^{-1} \Leftrightarrow P_1P_2\cdots P_sE = A^{-1} \tag{3.3}$$

式(3.2)表明 A 经过一系列的初等行变换可变成 E，式(3.3)表明 E 经过同样的一系列的初等行变换可变成 A^{-1}。用分块矩阵的形式，式(3.2)和式(3.3)可合并为

$$P_1P_2\cdots P_s[A \mid E] = [E \mid A^{-1}]$$

即对 $n \times 2n$ 矩阵 $[A \mid E]$ 施行行变换，当把 A 变成 E 时，原来的 E 就变成了 A^{-1}。

类似地，我们也可以用初等列变换来求方阵 A 的逆矩阵，即由 A 与 E 组成 $2n \times n$ 矩阵 $\begin{bmatrix} A \\ \hdashline E \end{bmatrix}$ 并对之进行一系列初等列变换，当把 A 变成 E 时，原来的 E 就变成了 A^{-1}。

例 3.2　设 $A = \begin{bmatrix} 0 & 1 & 2 \\ -1 & 0 & 1 \\ -1 & -1 & 0 \end{bmatrix}$，证明 A 可逆，并求 A^{-1}。

解　把矩阵 $[A \mid E]$ 做初等行变换化成 $[E \mid A^{-1}]$。

$$[A \mid E] = \begin{bmatrix} 0 & 1 & 2 & 1 & 0 & 0 \\ -1 & 0 & 1 & 0 & 1 & 0 \\ -1 & -1 & 0 & 0 & 0 & 1 \end{bmatrix}$$

$$\xrightarrow[r_1 \times (-1)]{r_1 \leftrightarrow r_2} \begin{bmatrix} 1 & 0 & -1 & 0 & -1 & 0 \\ 0 & 1 & 2 & 1 & 0 & 0 \\ -1 & -1 & 0 & 0 & 0 & 1 \end{bmatrix} \xrightarrow{r_3 + r_1} \begin{bmatrix} 1 & 0 & -1 & 0 & -1 & 0 \\ 0 & 1 & 2 & 1 & 0 & 0 \\ 0 & -1 & -1 & 0 & -1 & 1 \end{bmatrix}$$

$$\xrightarrow{r_3+r_2}\begin{bmatrix}1&0&-1&0&-1&0\\0&1&2&1&0&0\\0&0&1&1&-1&1\end{bmatrix}\xrightarrow[r_1+r_3]{r_2-2r_3}\begin{bmatrix}1&0&0&1&-2&1\\0&1&0&-1&2&-2\\0&0&1&1&-1&1\end{bmatrix}$$

可见 $\boldsymbol{A}\overset{r}{\sim}\boldsymbol{E}$，因此方阵 $\boldsymbol{A}$ 可逆，且

$$\boldsymbol{A}^{-1}=\begin{bmatrix}1&-2&1\\-1&2&-2\\1&-1&1\end{bmatrix}$$

求可逆矩阵的逆矩阵，可以理解为当 $\boldsymbol{A}$ 可逆时，求矩阵方程 $\boldsymbol{AX}=\boldsymbol{E}$ 的解。由此可以考虑当 $\boldsymbol{A}$ 可逆时，求矩阵方程 $\boldsymbol{AX}=\boldsymbol{B}$ 的解，且唯一解为 $\boldsymbol{X}=\boldsymbol{A}^{-1}\boldsymbol{B}$。常规方法是先求 $\boldsymbol{A}^{-1}$，再求出 $\boldsymbol{A}^{-1}\boldsymbol{B}$。然而，因为矩阵 $\boldsymbol{A}$ 可逆，有 $\boldsymbol{A}\overset{r}{\sim}\boldsymbol{E}$，则存在有限个初等矩阵 $\boldsymbol{P}_1,\boldsymbol{P}_2,\cdots,\boldsymbol{P}_s$，使

$$\boldsymbol{P}_1\boldsymbol{P}_2\cdots\boldsymbol{P}_s\boldsymbol{A}=\boldsymbol{E} \tag{3.4}$$

$$\boldsymbol{P}_1\boldsymbol{P}_2\cdots\boldsymbol{P}_s=\boldsymbol{A}^{-1},\ \boldsymbol{P}_1\boldsymbol{P}_2\cdots\boldsymbol{P}_s\boldsymbol{B}=\boldsymbol{A}^{-1}\boldsymbol{B} \tag{3.5}$$

比较式(3.4)和式(3.5)，可以看出，对矩阵 $\boldsymbol{A}$ 与 $\boldsymbol{B}$ 做同样的初等行变换，矩阵 $\boldsymbol{A}$ 将化成单位矩阵 $\boldsymbol{E}$，矩阵 $\boldsymbol{B}$ 将化成矩阵 $\boldsymbol{A}^{-1}\boldsymbol{B}$，即

$$[\boldsymbol{A}\mid\boldsymbol{B}]\xrightarrow{\text{初等行变换}}[\boldsymbol{E}\mid\boldsymbol{A}^{-1}\boldsymbol{B}]$$

这是求解矩阵方程 $\boldsymbol{AX}=\boldsymbol{B}$ 较为简单的方法。

同样，当 $\boldsymbol{A}$ 可逆时，求解矩阵方程 $\boldsymbol{XA}=\boldsymbol{B}$ 的唯一解 $\boldsymbol{X}=\boldsymbol{BA}^{-1}$，也可以用初等列变换比较简单地求得：

$$\begin{bmatrix}\boldsymbol{A}\\\hdashline\boldsymbol{B}\end{bmatrix}\xrightarrow{\text{初等列变换}}\begin{bmatrix}\boldsymbol{E}\\\hdashline\boldsymbol{BA}^{-1}\end{bmatrix}$$

最后需要注意的是，当可逆矩阵 $\boldsymbol{A}$ 的逆矩阵 $\boldsymbol{A}^{-1}$ 容易求得时，则矩阵方程 $\boldsymbol{AX}=\boldsymbol{B}$ 或 $\boldsymbol{XA}=\boldsymbol{B}$ 的解可以直接通过计算 $\boldsymbol{A}^{-1}\boldsymbol{B}$ 或 $\boldsymbol{BA}^{-1}$ 得到。

例 3.3　求解矩阵方程 $\boldsymbol{AX}=\boldsymbol{B}$，其中

$$\boldsymbol{A}=\begin{bmatrix}1&2&2\\3&1&0\\-1&-1&-1\end{bmatrix},\ \boldsymbol{B}=\begin{bmatrix}1&-1\\2&0\\-1&-1\end{bmatrix}$$

解

$$[\boldsymbol{A}\mid\boldsymbol{B}]=\begin{bmatrix}1&2&2&1&-1\\3&1&0&2&0\\-1&-1&-1&-1&-1\end{bmatrix}\xrightarrow[r_3+r_1]{r_2-3r_1}\begin{bmatrix}1&2&2&1&-1\\0&-5&-6&-1&3\\0&1&1&0&-2\end{bmatrix}$$

$$\xrightarrow{r_2\leftrightarrow r_3}\begin{bmatrix}1&2&2&1&-1\\0&1&1&0&-2\\0&-5&-6&-1&3\end{bmatrix}\xrightarrow{r_3+5r_2}\begin{bmatrix}1&2&2&1&-1\\0&1&1&0&-2\\0&0&-1&-1&-7\end{bmatrix}$$

$$\xrightarrow[\substack{r_2+r_3\\r_3\times(-1)}]{r_1-2r_2}\begin{bmatrix}1&0&0&1&3\\0&1&0&-1&-9\\0&0&1&1&7\end{bmatrix}$$

所以，矩阵方程的解为

$$X = A^{-1}B = \begin{bmatrix} 1 & 3 \\ -1 & -9 \\ 1 & 7 \end{bmatrix}$$

例 3.4　求解矩阵方程 $XA = B$，其中

$$A = \begin{bmatrix} 2 & -1 & -1 \\ 1 & 1 & -2 \\ 4 & -6 & -2 \end{bmatrix},\ B = \begin{bmatrix} 1 & 2 & 0 \\ 0 & 1 & 0 \\ -2 & 0 & 1 \end{bmatrix}$$

解

$$\begin{bmatrix} A \\ \hdashline B \end{bmatrix} = \begin{bmatrix} 2 & -1 & -1 \\ 1 & 1 & -2 \\ 4 & -6 & -2 \\ 1 & 2 & 0 \\ 0 & 1 & 0 \\ -2 & 0 & 1 \end{bmatrix} \xrightarrow[C_1\times(-1)]{C_1\leftrightarrow C_3} \begin{bmatrix} 1 & -1 & 2 \\ 2 & 1 & 1 \\ 2 & -6 & 4 \\ 0 & 2 & 1 \\ 0 & 1 & 0 \\ -1 & 0 & -2 \end{bmatrix} \xrightarrow[C_3-2C_1]{C_2+C_1} \begin{bmatrix} 1 & 0 & 0 \\ 2 & 3 & -3 \\ 2 & -4 & 0 \\ 0 & 2 & 1 \\ 0 & 1 & 0 \\ -1 & -1 & 0 \end{bmatrix} \xrightarrow{C_2\leftrightarrow C_3} \begin{bmatrix} 1 & 0 & 0 \\ 2 & -3 & 3 \\ 2 & 0 & -4 \\ 0 & 1 & 2 \\ 0 & 0 & 1 \\ -1 & 0 & -1 \end{bmatrix}$$

$$\xrightarrow[\substack{C_2\times\left(-\frac{1}{3}\right) \\ C_3\times\left(-\frac{1}{4}\right)}]{C_3+C_2} \begin{bmatrix} 1 & 0 & 0 \\ 2 & 1 & 0 \\ 2 & 0 & 1 \\ 0 & -\frac{1}{3} & -\frac{3}{4} \\ 0 & 0 & -\frac{1}{4} \\ -1 & 0 & \frac{1}{4} \end{bmatrix} \xrightarrow{C_1-2C_2} \begin{bmatrix} 1 & 0 & 0 \\ 0 & 1 & 0 \\ 2 & 0 & 1 \\ \frac{2}{3} & -\frac{1}{3} & -\frac{3}{4} \\ 0 & 0 & -\frac{1}{4} \\ -1 & 0 & \frac{1}{4} \end{bmatrix} \xrightarrow{C_1-2C_3} \begin{bmatrix} 1 & 0 & 0 \\ 0 & 1 & 0 \\ 0 & 0 & 1 \\ \frac{13}{6} & -\frac{1}{3} & -\frac{3}{4} \\ \frac{1}{2} & 0 & -\frac{1}{4} \\ -\frac{3}{2} & 0 & \frac{1}{4} \end{bmatrix}$$

所以矩阵方程的解为

$$X = BA^{-1} = \begin{bmatrix} \frac{13}{6} & -\frac{1}{3} & -\frac{3}{4} \\ \frac{1}{2} & 0 & -\frac{1}{4} \\ -\frac{3}{2} & 0 & \frac{1}{4} \end{bmatrix}$$

3.3 矩 阵 的 秩

定义 3.4　在 $m\times n$ 的矩阵 A 中，任取 k 行 k 列 $(k\leqslant m, k\leqslant n)$，位于这些行列交叉处的元素按原来位置构成的 k 阶行列式，称为矩阵 A 的 k 阶子式。

易知一个 $A_{m\times n}$ 的矩阵共有 $C_m^k C_n^k$ 个 k 阶子式。

定义 3.5　我们把在矩阵 A 中不等于零的最高阶子式的阶数 r，称为这个矩阵的秩。记作 $R(A)=r$。若一个矩阵没有不等于零的最高阶子式(即零矩阵)，则认为这个矩阵的秩

是零。

例 3.5　求矩阵 $\boldsymbol{A}$ 和 $\boldsymbol{B}$ 的秩，其中

$$\boldsymbol{A}=\begin{bmatrix}1 & 2 & 2\\ -1 & 0 & 1\\ -2 & 0 & 2\end{bmatrix},\quad \boldsymbol{B}=\begin{bmatrix}1 & 2 & 0 & -1 & 1\\ 0 & 1 & 0 & 4 & 6\\ 0 & 0 & 1 & -3 & 5\\ 0 & 0 & 0 & 0 & 0\end{bmatrix}$$

解　因为矩阵 $\boldsymbol{A}$ 是三阶方阵，故 $\boldsymbol{A}$ 的最高阶子式是三阶子式，即有一个 $|\boldsymbol{A}|$。

由于二阶子式 $\begin{vmatrix}1 & 2\\ -1 & 0\end{vmatrix}=2\neq 0$，而 $|\boldsymbol{A}|=\begin{vmatrix}1 & 2 & 2\\ -1 & 0 & 1\\ -2 & 0 & 2\end{vmatrix}=0$，因此 $R(\boldsymbol{A})=2$。

因为 $\boldsymbol{B}$ 是一个 4×5 的矩阵，故它的最高阶子式是 4 阶子式。而 $\boldsymbol{B}$ 又是一个行阶梯形矩阵，元素不全为零的非零行是 3 行(全为零的行是 1 行)，即知 $\boldsymbol{B}$ 的 4 阶子式全为零。且有一个三阶子式

$$\begin{vmatrix}1 & 2 & 0\\ 0 & 1 & 0\\ 0 & 0 & 1\end{vmatrix}=1\neq 0$$

因此，$R(\boldsymbol{B})=3$。

显然，可以证明：前 r 行均不全为零，其余行全为零的阶梯形矩阵不为零的最高阶子式的阶数为 r。

矩阵的秩有如下性质。

性质 3.4　设 $\boldsymbol{A}$ 是一个 $m\times n$ 矩阵。

(1) $0\leqslant R(\boldsymbol{A})\leqslant \min(m,n)$。

(2) 由于行列式与其转置行列式相等，因此 $\boldsymbol{A}^{\mathrm{T}}$ 的子式与 $\boldsymbol{A}$ 的子式对应相等，故有 $R(\boldsymbol{A}^{\mathrm{T}})=R(\boldsymbol{A})$。

(3) 对于 n 阶方阵 $\boldsymbol{A}$，它的最高阶子式就是 n 阶子式(即 $\boldsymbol{A}$ 的行列式) $|\boldsymbol{A}|$。当 $|\boldsymbol{A}|\neq 0$ 时，$R(\boldsymbol{A})=n$，当 $|\boldsymbol{A}|=0$ 时 $R(\boldsymbol{A})<n$。故称可逆矩阵为满秩矩阵，不可逆矩阵(奇异矩阵)为降秩矩阵。

对于矩阵秩的定义还有一个等价的描述。

定理 3.3　对于矩阵 $\boldsymbol{A}$，$R(\boldsymbol{A})=r$ 的充分必要条件是 $\boldsymbol{A}$ 中有 r 阶子式不为零，而所有的 $r+1$ 阶子式(如果有)全为零。

证明　由定义 3.5 可知，必要性是显然的，我们只证充分性。

由行列式的性质可知，矩阵 $\boldsymbol{A}$ 的任意 $r+2$ 阶子式(如果有)都可展开成 $r+2$ 个 $r+1$ 阶子式和 $r+2$ 个数相乘后的代数和，从而它必等于零。据此可推出 $\boldsymbol{A}$ 的任意大于等于 $r+1$ 阶子式(如果有)全为零。且 $\boldsymbol{A}$ 中有 r 阶子式不为零，所以 $R(\boldsymbol{A})=r$。

由例 3.6 可知，对于一般的矩阵，当行数和列数较高时，按定义求矩阵的秩是很麻烦的，然而对于行阶梯形矩阵，它的秩就等于非零行的行数，一看便知，无须计算。如何求出矩阵的秩？下面定理给出了矩阵的秩和它的行阶梯形矩阵的秩的关系。

定理 3.4　若 $\boldsymbol{A} \sim \boldsymbol{B}$，则 $R(\boldsymbol{A}) = R(\boldsymbol{B})$。

证明　略

因此在求矩阵的秩时，根据定理 3.4 只要用初等变换把矩阵化成行阶梯形矩阵，则行阶梯形矩阵中非零行的行数就等于矩阵的秩。

推论 3.3　若存在可逆矩阵 $\boldsymbol{P},\boldsymbol{Q}$，使 $\boldsymbol{PAQ} = \boldsymbol{B}$，则 $R(\boldsymbol{A}) = R(\boldsymbol{B})$。

推论 3.4　设 $\boldsymbol{A}$ 是一个 $m \times n$ 矩阵，$R(\boldsymbol{A}) = r$，则 $\boldsymbol{A}$ 的标准形矩阵为

$$\boldsymbol{F} = \begin{bmatrix} \boldsymbol{E}_r & \boldsymbol{O} \\ \boldsymbol{O} & \boldsymbol{O} \end{bmatrix}_{m \times n}$$

例 3.6　设 $\boldsymbol{A} = \begin{bmatrix} 2 & 1 & 0 & 2 & 0 \\ 2 & -1 & 3 & 3 & -1 \\ 1 & 0 & 1 & 2 & -1 \\ 0 & 3 & -4 & 0 & 0 \end{bmatrix}$，求矩阵 $\boldsymbol{A}$ 的秩 $R(\boldsymbol{A})$。

解　用初等行变换把 $\boldsymbol{A}$ 化成行阶梯形矩阵。

$$\boldsymbol{A} = \begin{bmatrix} 2 & 1 & 0 & 2 & 0 \\ 2 & -1 & 3 & 3 & -1 \\ 1 & 0 & 1 & 2 & -1 \\ 0 & 3 & -4 & 0 & 0 \end{bmatrix} \xrightarrow{r_1 \leftrightarrow r_3} \begin{bmatrix} 1 & 0 & 1 & 2 & -1 \\ 2 & -1 & 3 & 3 & -1 \\ 2 & 1 & 0 & 2 & 0 \\ 0 & 3 & -4 & 0 & 0 \end{bmatrix} \xrightarrow[r_3 - 2r_1]{r_2 - r_3} \begin{bmatrix} 1 & 0 & 1 & 2 & -1 \\ 0 & -2 & 3 & 1 & -1 \\ 0 & 1 & -2 & -2 & 2 \\ 0 & 3 & -4 & 0 & 0 \end{bmatrix}$$

$$\xrightarrow[r_4 - 3r_3]{r_2 + 2r_3} \begin{bmatrix} 1 & 0 & 1 & 2 & -1 \\ 0 & 0 & -1 & -3 & 3 \\ 0 & 1 & -2 & -2 & 2 \\ 0 & 0 & 2 & 6 & -6 \end{bmatrix} \xrightarrow[r_4 + 2r_3]{r_2 \leftrightarrow r_3} \begin{bmatrix} 1 & 0 & 1 & 2 & -1 \\ 0 & 1 & -2 & -2 & 2 \\ 0 & 0 & -1 & -3 & 3 \\ 0 & 0 & 0 & 0 & 0 \end{bmatrix}$$

所以 $R(\boldsymbol{A}) = 3$。

例 3.7　设 $\boldsymbol{A} = \begin{bmatrix} 1 & 0 & 2 & -1 \\ 2 & -2 & 4 & 0 \\ -2 & 2 & -2 & 3 \\ 1 & -2 & 0 & -2 \end{bmatrix}$，$\boldsymbol{b} = \begin{bmatrix} -1 \\ 1 \\ 0 \\ 2 \end{bmatrix}$，求矩阵 $\boldsymbol{A}$ 及矩阵 $\boldsymbol{B} = [\boldsymbol{A},\boldsymbol{b}]$ 的秩。

解　因为矩阵 $\boldsymbol{A}$ 被包含在矩阵 $\boldsymbol{B}$ 中，因此对矩阵 $\boldsymbol{B}$ 做初等行变换，是同时也对矩阵 $\boldsymbol{A}$ 做了初等行变换。

$$\boldsymbol{B} = [\boldsymbol{A},\boldsymbol{b}] = \begin{bmatrix} 1 & 0 & 2 & -1 & -1 \\ 2 & -2 & 4 & 0 & 1 \\ -2 & 2 & -2 & 3 & 0 \\ 1 & -2 & 0 & -2 & 2 \end{bmatrix} \xrightarrow[r_4 - r_1]{r_3 + r_2} \begin{bmatrix} 1 & 0 & 2 & -1 & -1 \\ 2 & -2 & 4 & 0 & 1 \\ 0 & 0 & 2 & 3 & 1 \\ 0 & -2 & -2 & -1 & 3 \end{bmatrix} \xrightarrow{r_2 - 2r_1} \begin{bmatrix} 1 & 0 & 2 & -1 & -1 \\ 0 & -2 & 0 & 2 & 3 \\ 0 & 0 & 2 & 3 & 1 \\ 0 & -2 & -2 & -1 & 3 \end{bmatrix}$$

$$\xrightarrow{r_4 - r_2} \begin{bmatrix} 1 & 0 & 2 & -1 & -1 \\ 0 & -2 & 0 & 2 & 3 \\ 0 & 0 & 2 & 3 & 1 \\ 0 & 0 & -2 & -3 & 0 \end{bmatrix} \xrightarrow{r_4 + r_3} \begin{bmatrix} 1 & 0 & 2 & -1 & -1 \\ 0 & -2 & 0 & 2 & 3 \\ 0 & 0 & 2 & 3 & 1 \\ 0 & 0 & 0 & 0 & 1 \end{bmatrix}$$

因此，$R(\boldsymbol{A}) = 3$，$R(\boldsymbol{B}) = 4$。

本例中与矩阵 $[\boldsymbol{A},\boldsymbol{b}]$ 对应的线性方程组 $\boldsymbol{AX} = \boldsymbol{b}$ 无解，这是因为它的行阶梯形矩阵的第四行表示矛盾方程 $0x_1 + 0x_2 + 0x_3 + 0x_4 = 1$，所以方程组无解。

例 3.8　设 $\boldsymbol{A}=\begin{bmatrix}1&-1&2&1\\3&1&\lambda&1\\4&0&5&\mu\end{bmatrix}$，已知 $R(\boldsymbol{A})=2$，求 λ,μ 的值。

解　对 $\boldsymbol{A}$ 做初等行变换：

$$\boldsymbol{A}=\begin{bmatrix}1&-1&2&1\\3&1&\lambda&1\\4&0&5&\mu\end{bmatrix}\xrightarrow[r_3-4r_1]{r_2-3r_1}\begin{bmatrix}1&-1&2&1\\0&4&\lambda-6&-2\\0&4&-3&\mu-4\end{bmatrix}$$

$$\xrightarrow{r_3-r_2}\begin{bmatrix}1&-1&2&1\\0&4&\lambda-6&-2\\0&0&-\lambda+3&\mu-2\end{bmatrix}$$

因 $R(\boldsymbol{A})=2$，故 $\lambda=3,\mu=2$。

性质 3.5　设有矩阵 $\boldsymbol{A}$ 和矩阵 $\boldsymbol{B}$。

(1)　$\max\{R(\boldsymbol{A}),R(\boldsymbol{B})\}\leqslant R(\boldsymbol{A},\boldsymbol{B})\leqslant R(\boldsymbol{A})+R(\boldsymbol{B})$，特别地，当 $\boldsymbol{B}=\boldsymbol{b}$ 为非零的列向量时，有

$$R(\boldsymbol{A})\leqslant R(\boldsymbol{A},\boldsymbol{b})\leqslant R(\boldsymbol{A})+1$$

(2)　$R(\boldsymbol{A}+\boldsymbol{B})\leqslant R(\boldsymbol{A})+R(\boldsymbol{B})$；

(3)　$R(\boldsymbol{AB})\leqslant\min\{R(\boldsymbol{A}),R(\boldsymbol{B})\}$，即有 $R(\boldsymbol{AB})\leqslant R(\boldsymbol{A})$，$R(\boldsymbol{AB})\leqslant R(\boldsymbol{B})$；

(4)　若 $\boldsymbol{A}_{m\times n}\boldsymbol{B}_{n\times s}=\boldsymbol{O}$，则 $R(\boldsymbol{A})+R(\boldsymbol{B})\leqslant n$；

(5)　若 $\boldsymbol{A}_{m\times n}\boldsymbol{B}_{n\times s}=\boldsymbol{C}$，且 $R(\boldsymbol{A})=n$，则 $R(\boldsymbol{B})=R(\boldsymbol{C})$。

这里，对于 $m\times n$ 的矩阵 $\boldsymbol{A}$，如果有 $R(\boldsymbol{A})=n$，则称矩阵 $\boldsymbol{A}$ 为列满秩矩阵。

特殊地，当 $\boldsymbol{C}=\boldsymbol{O}$ 时，有以下结论。

(1) 若 $\boldsymbol{AB}=\boldsymbol{O}$，$\boldsymbol{A}$ 是列满秩矩阵，则 $\boldsymbol{B}=\boldsymbol{O}$。

证明　若 $\boldsymbol{A}$ 是列满秩矩阵，由式(5)有

$$R(\boldsymbol{B})=R(\boldsymbol{O})=0\Rightarrow\boldsymbol{B}=\boldsymbol{O}$$

(2) 若 $\boldsymbol{AB}=\boldsymbol{O}$，$\boldsymbol{A}$ 是可逆矩阵，则 $\boldsymbol{B}=\boldsymbol{O}$。

证明　因 $\boldsymbol{A}$ 是列满秩矩阵，所以 $\boldsymbol{A}$ 是可逆矩阵，由式(1)有 $\boldsymbol{B}=\boldsymbol{O}$。

结论(1)、(2)通常被称为矩阵乘法的消去律。

3.4　线性方程组

在 3.3 节中，通过分析解线性方程组的高斯消元法，给出了一种用矩阵的初等行变换来求解线性方程组的方法。这种方法书写简明，可操作性强，解决了一般的线性方程组的求解问题。本节将进一步讨论有关线性方程组的解的问题。

设有 m 个方程 n 个未知数的线性方程组

$$\left.\begin{aligned}a_{11}x_1+a_{12}x_2+\cdots+a_{1n}x_n&=b_1\\a_{21}x_1+a_{22}x_2+\cdots+a_{2n}x_n&=b_2\\&\vdots\\a_{m1}x_1+a_{m2}x_2+\cdots+a_{mn}x_n&=b_m\end{aligned}\right\}\tag{3.6}$$

记

$$A=\begin{bmatrix} a_{11} & a_{12} & \cdots & a_{1n} \\ a_{21} & a_{22} & \cdots & a_{2n} \\ \vdots & \vdots & & \vdots \\ a_{m1} & a_{m2} & \cdots & a_{mn} \end{bmatrix}, \quad X=\begin{bmatrix} x_1 \\ x_2 \\ \vdots \\ x_n \end{bmatrix}, \quad b=\begin{bmatrix} b_1 \\ b_2 \\ \vdots \\ b_m \end{bmatrix}$$

则方程组(3.6)可写成以 X 为未知元的矩阵方程

$$AX=b$$

其中，A 称为系数矩阵，b 称为常数项或常数项向量，$B=[A,b]$ 称为增广矩阵，X 称为解或解向量。

特殊地，当常数项 $b_1=b_2=\cdots=b_m=0$ 时，称此方程组为齐次线性方程组，否则称为非齐次线性方程组。

非齐次线性方程组(3.6)所对应的齐次方程为

$$\left.\begin{aligned} a_{11}x_1+a_{12}x_2+\cdots+a_{1n}x_n&=0 \\ a_{21}x_1+a_{22}x_2+\cdots+a_{2n}x_n&=0 \\ &\vdots \\ a_{m1}x_1+a_{m2}x_2+\cdots+a_{mn}x_n&=0 \end{aligned}\right\} \tag{3.7}$$

由于增广矩阵 $B=[A,O]$，所以方程组(3.7)的增广矩阵和系数矩阵的秩相等，即 $R(A)=R(B)$。

线性方程组(3.6)如果有解，就称它是相容的，如果无解，则称它不相容。

利用系数矩阵 A 和增广矩阵 $B=[A,b]$ 的秩之间的关系，可以方便地讨论线性方程是否有解(即是否相容)以及有解时解是否唯一等问题，其结论如下。

定理 3.5 设 n 元线性方程组 $AX=b$，则

(1) 无解的充分必要条件是 $R(A)<R(B)$；

(2) 有唯一解的充分必要条件是 $R(A)=R(B)=n$；

(3) 有无穷多解的充分必要条件是 $R(A)=R(B)<n$。

证明 略。

根据定理 3.5 可以得到以下定理。

定理 3.6 线性方程组 $AX=b$ 有解的充分必要条件是 $R(A)=R(B)$。

由于齐次方程组(3.7)的系数矩阵的秩和增广矩阵的秩相等，$R(A)=R(B)$，根据定理 3.6 可知方程组(3.7)总是有解的。$x_1=x_2=\cdots=x_n=0$ 一定是齐次方程组的解，并称其为零解，其他不为零的解称为非零解。于是对齐次线性方程组有如下定理成立。

定理 3.7 n 元齐次线性方程组 $AX=O$ 一定有解。

(1) 有零解(即唯一解)的充分必要条件是 $R(A)=n$；

(2) 有非零解(即无穷多解)的充分必要条件是 $R(A)<n$。

至此，我们完成了对一般线性方程组解的分析，也给出了求解线性方程组的步骤。

例 3.9 求解齐次线性方程组

$$\begin{cases} x_1-2x_2+2x_3+2x_4=0 \\ 2x_1-2x_2-2x_3+x_4=0 \\ x_1-4x_3-x_4=0 \end{cases}$$

解　对系数矩阵 $\boldsymbol{A}$ (也是增广矩阵)实施初等行变换，把它变为行最简形矩阵：

$$\boldsymbol{A}=\begin{bmatrix}1&-2&2&2\\2&-2&-2&1\\1&0&-4&-1\end{bmatrix}\xrightarrow[r_3-r_1]{r_2-2r_1}\begin{bmatrix}1&-2&2&2\\0&2&-6&-3\\0&2&-6&-3\end{bmatrix}$$

$$\xrightarrow[r_2\times\left(\frac{1}{2}\right)]{r_3-r_2}\begin{bmatrix}1&-2&2&2\\0&1&-3&-\frac{3}{2}\\0&0&0&0\end{bmatrix}\xrightarrow{r_1+2r_2}\begin{bmatrix}1&0&-4&-1\\0&1&-3&-\frac{3}{2}\\0&0&0&0\end{bmatrix}$$

可见 $R(\boldsymbol{A})=3<4$，方程组有无穷多解。最后得与原方程组同解的方程组

$$\begin{cases}x_1=4x_3+x_4\\x_2=3x_3+\dfrac{3}{2}x_4\end{cases}$$

令 $x_3=c_1,x_4=c_2$，则方程组的通解是

$$\begin{cases}x_1=4c_1+c_2\\x_2=3c_1+\dfrac{3}{2}c_2\\x_3=c_1\\x_4=c_2\end{cases}$$

其中，c_1，c_2 为任意实数，方程组的解向量是

$$\begin{bmatrix}x_1\\x_2\\x_3\\x_4\end{bmatrix}=c_1\begin{bmatrix}4\\3\\1\\0\end{bmatrix}+c_2\begin{bmatrix}1\\\frac{3}{2}\\0\\1\end{bmatrix}$$

例 3.10　求解非齐次方程组

$$\begin{cases}x_1+x_3-x_4=-2\\x_1+2x_2-x_3=1\\4x_1+6x_2-2x_3-x_4=1\end{cases}$$

解　对增广矩阵 $\boldsymbol{B}$ 实施初等行变换，把它变为行最简形矩阵。

$$\boldsymbol{B}=\begin{bmatrix}1&0&1&-1&-2\\1&2&-1&0&1\\4&6&-2&-1&1\end{bmatrix}\xrightarrow[r_3-4r_1]{r_2-r_1}\begin{bmatrix}1&0&1&-1&-2\\0&2&-2&1&3\\0&6&-6&3&9\end{bmatrix}$$

$$\xrightarrow{r_3-3r_2}\begin{bmatrix}1&0&1&-1&-2\\0&2&-2&1&3\\0&0&0&0&0\end{bmatrix}\xrightarrow{r_2\div 2}\begin{bmatrix}1&0&1&-1&-2\\0&1&-1&\frac{1}{2}&\frac{3}{2}\\0&0&0&0&0\end{bmatrix}$$

可见 $R(\boldsymbol{A})=R(\boldsymbol{B})=2<4$，方程组有无穷多解。即得与原方程组同解的方程组

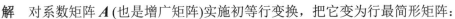

$$\begin{cases} x_1 = -x_3 + x_4 - 2 \\ x_2 = x_3 - \dfrac{1}{2}x_4 + \dfrac{3}{2} \end{cases}$$

令 $x_3 = c_1, x_4 = c_2$，则得到方程组的通解是

$$\begin{cases} x_1 = -c_1 + c_2 - 2 \\ x_2 = c_1 - \dfrac{1}{2}c_2 + \dfrac{3}{2} \\ x_3 = c_1 \\ x_4 = c_2 \end{cases}$$

其中 c_1, c_2 为任意实数，方程组的解向量是

$$\begin{bmatrix} x_1 \\ x_2 \\ x_3 \\ x_4 \end{bmatrix} = c_1\begin{bmatrix} -1 \\ 1 \\ 1 \\ 0 \end{bmatrix} + c_2\begin{bmatrix} 1 \\ -\dfrac{1}{2} \\ 0 \\ 1 \end{bmatrix} + \begin{bmatrix} -2 \\ \dfrac{3}{2} \\ 0 \\ 0 \end{bmatrix}$$

例 3.11　求解非齐次线性方程组

$$\begin{cases} 3x_1 + 3x_3 - 3x_4 = 9 \\ -2x_1 + 4x_2 - 2x_3 = -2 \\ 4x_1 + 6x_2 - 2x_3 + 11x_4 = -3 \\ 2x_1 - 2x_2 + 4x_3 - 7x_4 = -4 \end{cases}$$

解　对增广矩阵 $\boldsymbol{B}$ 实施初等行变换，把它变为行最简形矩阵。

$$\boldsymbol{B} = \begin{bmatrix} 3 & 0 & 3 & -3 & 9 \\ -2 & 4 & -2 & 0 & -2 \\ 4 & 6 & -2 & 11 & -3 \\ 2 & -2 & 4 & -7 & -4 \end{bmatrix} \xrightarrow[r_2 \div (-2)]{r \div 3} \begin{bmatrix} 1 & 0 & 1 & -1 & 3 \\ 1 & -2 & 1 & 0 & 1 \\ 4 & 6 & -2 & 11 & -3 \\ 2 & -2 & 4 & -7 & -4 \end{bmatrix}$$

$$\xrightarrow[\substack{r_3 - 4r_1 \\ r_4 - 2r_1}]{r_2 - r_1} \begin{bmatrix} 1 & 0 & 1 & -1 & 3 \\ 0 & -2 & 0 & 1 & -2 \\ 0 & 6 & -6 & 15 & -15 \\ 0 & -2 & 2 & -5 & -10 \end{bmatrix} \xrightarrow{r_3 \div 3} \begin{bmatrix} 1 & 0 & 1 & -1 & 3 \\ 0 & -2 & 0 & 1 & -2 \\ 0 & 2 & -2 & 5 & -5 \\ 0 & -2 & 2 & -5 & -10 \end{bmatrix}$$

$$\xrightarrow{r_4 + r_3} \begin{bmatrix} 1 & 0 & 1 & -1 & 3 \\ 0 & -2 & 0 & 1 & -2 \\ 0 & 2 & -2 & 5 & -5 \\ 0 & 0 & 0 & 0 & -15 \end{bmatrix} \xrightarrow[r_4 \div (-15)]{r_3 + r_2} \begin{bmatrix} 1 & 0 & 1 & -1 & 3 \\ 0 & -2 & 0 & 1 & -2 \\ 0 & 0 & -2 & 6 & -7 \\ 0 & 0 & 0 & 0 & 1 \end{bmatrix}$$

因为 $R(\boldsymbol{A}) \neq R(\boldsymbol{B})$，所以方程组无解。

推论 3.5　当 $m = n$ 时，线性方程组 $\boldsymbol{AX} = \boldsymbol{b}$ 有唯一解的充分必要条件是 $|\boldsymbol{A}| \neq 0$。

证明　此时的方程组(3.6)有唯一解的 $\Leftrightarrow R(\boldsymbol{A}) = R(\boldsymbol{A}, \boldsymbol{b}) = n \Leftrightarrow |\boldsymbol{A}| \neq 0$。

推论 3.5 表明，当 $|\boldsymbol{A}| \neq 0$ (系数矩阵 $\boldsymbol{A}$ 可逆)时，方程组(3.6) $\boldsymbol{AX} = \boldsymbol{b}$ 有唯一解(即 $\boldsymbol{X} = \boldsymbol{A}^{-1}\boldsymbol{b}$)，这是对克莱姆法则的一种重述。

推论 3.6 当 $m=n$ 时，对于线性方程组 $\boldsymbol{AX}=\boldsymbol{O}$：

(1) 只有零解的充分必要条件是 $|\boldsymbol{A}|\neq 0$；

(2) 有非零解的充分必要条件是 $|\boldsymbol{A}|=0$。

例 3.12 设齐次线性方程组为

$$\begin{cases} kx_1+x_2+x_3=0 \\ x_1+kx_2+x_3=0 \\ x_1+x_2+kx_3=0 \end{cases}$$

问 k 取何值时方程组有非零解。

解 由推论 3.6 可知，此方程组有非零解的充分必要条件是 $|\boldsymbol{A}|=0$，即

$$|\boldsymbol{A}|=\begin{vmatrix} k & 1 & 1 \\ 1 & k & 1 \\ 1 & 1 & k \end{vmatrix}=(k+2)\begin{vmatrix} 1 & 1 & 1 \\ 1 & k & 1 \\ 1 & 1 & k \end{vmatrix}=(k+2)\begin{vmatrix} 1 & 1 & 1 \\ 0 & k-1 & 0 \\ 0 & 0 & k-1 \end{vmatrix}$$

$$=(k+2)(k-1)^2=0$$

所以取 $k=-2$ 或者 $k=1$。

例 3.13 设有线性方程组

$$\begin{cases} x_1+x_2+kx_3=2 \\ x_1+kx_2+x_3=2 \\ kx_1+x_2+x_3=k+1 \end{cases}$$

问 k 取何值时，此方程组有：(1)唯一解；(2)无解；(3)无穷多解。并在有无穷多解时求通解。

解 1 由推论 3.5 可知，此方程组有唯一解的充分必要条件是 $|\boldsymbol{A}|\neq 0$，即

$$|\boldsymbol{A}|=\begin{vmatrix} 1 & 1 & k \\ 1 & k & 1 \\ k & 1 & 1 \end{vmatrix}=(k+2)\begin{vmatrix} 1 & 1 & 1 \\ 1 & k & 1 \\ k & 1 & 1 \end{vmatrix}=(k+2)\begin{vmatrix} 1 & 1 & 1 \\ 0 & k-1 & 0 \\ k-1 & 0 & 0 \end{vmatrix}$$

$$=-(k+2)(k-1)^2$$

所以，当 $k\neq -2$ 且 $k\neq 1$ 时，方程组有唯一解。

当 $k=-2$ 时，此方程组的增广矩阵为

$$\boldsymbol{B}=\begin{bmatrix} 1 & 1 & -2 & 2 \\ 1 & -2 & 1 & 2 \\ -2 & 1 & 1 & -1 \end{bmatrix}\xrightarrow[r_3+2r_1]{r_2-r_1}\begin{bmatrix} 1 & 1 & -2 & 2 \\ 0 & -3 & 3 & 0 \\ 0 & 3 & -3 & 3 \end{bmatrix}\xrightarrow{r_3+r_2}\begin{bmatrix} 1 & 1 & -2 & 2 \\ 0 & -3 & 3 & 0 \\ 0 & 0 & 0 & 3 \end{bmatrix}$$

因为 $R(\boldsymbol{A})\neq R(\boldsymbol{B})$，所以方程组无解。

当 $k=1$ 时，此方程组的增广矩阵

$$\boldsymbol{B}=\begin{bmatrix} 1 & 1 & 1 & 2 \\ 1 & 1 & 1 & 2 \\ 1 & 1 & 1 & 2 \end{bmatrix}\xrightarrow[r_3-r_1]{r_2-r_1}\begin{bmatrix} 1 & 1 & 1 & 2 \\ 0 & 0 & 0 & 0 \\ 0 & 0 & 0 & 0 \end{bmatrix}$$

因为 $R(\boldsymbol{A})=R(\boldsymbol{B})=1<3$，所以方程组有无穷多解，由

$$x_1=-x_2-x_3+2$$

令 $x_2=c_1, x_3=c_2$，则方程组的通解是

$$\begin{cases} x_1 = -c_1 - c_2 + 2 \\ x_2 = c_1 \\ x_3 = c_2 \end{cases} \qquad (c_1, c_2 \in \mathbf{R})$$

或解向量是

$$\begin{bmatrix} x_1 \\ x_2 \\ x_3 \end{bmatrix} = c_1 \begin{bmatrix} -1 \\ 1 \\ 0 \end{bmatrix} + c_2 \begin{bmatrix} -1 \\ 0 \\ 1 \end{bmatrix} + \begin{bmatrix} 2 \\ 0 \\ 0 \end{bmatrix} \qquad (c_1, c_2 \in \mathbf{R})$$

解 2　对增广矩阵 $\boldsymbol{B} = (\boldsymbol{A}, \boldsymbol{b})$ 实施初等行变换变为行阶梯形矩阵

$$\boldsymbol{B} = \begin{bmatrix} 1 & 1 & k & 2 \\ 1 & k & 1 & 2 \\ k & 1 & 1 & k+1 \end{bmatrix} \xrightarrow[r_3 - kr_1]{r_2 - r_1} \begin{bmatrix} 1 & 1 & k & 2 \\ 0 & k-1 & 1-k & 0 \\ 0 & 1-k & 1-k^2 & 1-k \end{bmatrix}$$

$$\xrightarrow[r_3 \div (1-k)]{r_2 \div (k-1)} \begin{bmatrix} 1 & 1 & k & 2 \\ 0 & 1 & -1 & 0 \\ 0 & 1 & 1+k & 1 \end{bmatrix} \xrightarrow{r_3 - r_2} \begin{bmatrix} 1 & 1 & k & 2 \\ 0 & 1 & -1 & 0 \\ 0 & 0 & k+2 & 1 \end{bmatrix} (令 k \neq 1)$$

当 $k \neq 1$ 且 $k \neq -2$ 时，$R(\boldsymbol{A}) = R(\boldsymbol{B}) = 3$ 方程组有唯一解；

当 $k = -2$ 时，$R(\boldsymbol{A}) \neq R(\boldsymbol{B})$，方程组无解(解法同上)；

当 $k = 1$ 时，$R(\boldsymbol{A}) = R(\boldsymbol{B}) = 1 < 3$，方程组有无穷多解(解法同上)。

习　　题

1. 指出下列矩阵哪个是行阶梯形阵、行最简形阵、初等阵和标准形矩阵？

(1) $\begin{bmatrix} 1 & 0 & 0 \\ 0 & 1 & 0 \\ 0 & 0 & 0 \\ 0 & 0 & 0 \end{bmatrix}$；　(2) $\begin{bmatrix} 2 & -1 & 3 & 6 \\ 0 & -1 & 0 & 4 \\ 0 & 0 & 0 & 0 \end{bmatrix}$；

(3) $\begin{bmatrix} 1 & -2 & 0 \\ 0 & 1 & 0 \\ 0 & 0 & 1 \end{bmatrix}$；　(4) $\begin{bmatrix} 1 & 0 & 2 & 3 \\ 0 & 1 & 1 & 4 \\ 0 & 0 & 0 & 0 \end{bmatrix}$。

2. 将下列矩阵用初等行变换变为行阶梯形阵、行最简形阵和标准形矩阵。

(1) $\begin{bmatrix} 1 & 3 & -1 & 2 \\ 2 & 7 & 0 & 1 \\ 3 & 10 & -1 & 3 \end{bmatrix}$；　(2) $\begin{bmatrix} 1 & 2 & 1 & -1 \\ 3 & 6 & -1 & -3 \\ 5 & 10 & 1 & -5 \end{bmatrix}$；

(3) $\begin{bmatrix} 3 & 4 & -5 & 7 \\ 2 & -3 & 3 & -2 \\ 4 & 11 & -13 & 16 \\ 7 & -2 & 1 & 3 \end{bmatrix}$；　(4) $\begin{bmatrix} 1 & 0 & 2 & -1 \\ 2 & 0 & 3 & 1 \\ 3 & 0 & 4 & 3 \end{bmatrix}$。

3. 矩阵$\begin{bmatrix}1&0&0\\0&1&0\\3&0&1\end{bmatrix}\begin{bmatrix}1&2&1\\2&1&3\\0&-1&1\end{bmatrix}$，相当于对矩阵$\begin{bmatrix}1&2&1\\2&1&3\\0&-1&1\end{bmatrix}$进行了________的初等变换，变换后的矩阵为________________。

4. 设$\boldsymbol{A}=\begin{bmatrix}a_{11}&a_{12}&a_{13}&a_{14}\\a_{21}&a_{22}&a_{23}&a_{24}\\a_{31}&a_{32}&a_{33}&a_{34}\\a_{41}&a_{42}&a_{43}&a_{44}\end{bmatrix}$，问：

(1) $\boldsymbol{E}(2,3)\boldsymbol{A}$相当于对矩阵$\boldsymbol{A}$进行了怎样的初等变换？

(2) $\boldsymbol{A}\boldsymbol{E}(2,3)$相当于对矩阵$\boldsymbol{A}$进行了怎样的初等变换？

5. 设$\boldsymbol{A}=\begin{bmatrix}a_{11}&a_{12}&a_{13}\\a_{21}&a_{22}&a_{23}\\a_{31}&a_{32}&a_{33}\end{bmatrix}$，问：

(1) $\boldsymbol{E}(2(k))\boldsymbol{A}$相当于对矩阵$\boldsymbol{A}$进行了怎样的初等变换？

(2) $\boldsymbol{A}\boldsymbol{E}(2(k))$相当于对矩阵$\boldsymbol{A}$进行了怎样的初等变换？

6. 设$\boldsymbol{A}=\begin{bmatrix}a_{11}&a_{12}&a_{13}&a_{14}\\a_{21}&a_{22}&a_{23}&a_{24}\\a_{31}&a_{32}&a_{33}&a_{34}\\a_{41}&a_{42}&a_{43}&a_{44}\end{bmatrix}$，问：

(1) $\boldsymbol{E}(2+3(k),3)\boldsymbol{A}$相当于对矩阵$\boldsymbol{A}$进行了怎样的初等变换？

(2) $\boldsymbol{A}\boldsymbol{E}(2+3(k),3)$相当于对矩阵$\boldsymbol{A}$进行了怎样的初等变换？

7. 若$\boldsymbol{A}$是三阶方阵，将$\boldsymbol{A}$的第 1 列与第 2 列交换得$\boldsymbol{B}$，再把$\boldsymbol{B}$的第 2 列加到第 3 列得$\boldsymbol{C}$，求满足$\boldsymbol{AQ}=\boldsymbol{C}$的可逆矩阵$\boldsymbol{Q}$。

8. 若$\boldsymbol{A}$是三阶可逆矩阵，将$\boldsymbol{A}$的第 2 行加到第 1 行得矩阵$\boldsymbol{B}$，再把$\boldsymbol{B}$的第 1 列的-1倍加到第 2 列得$\boldsymbol{C}$，求满足$\boldsymbol{PAQ}=\boldsymbol{C}$的可逆矩阵$\boldsymbol{P},\boldsymbol{Q}$。

9. 求：(1) $\begin{bmatrix}1&0&0&0\\0&0&1&0\\0&1&0&0\\0&0&0&1\end{bmatrix}\begin{bmatrix}a_{11}&a_{12}&a_{13}&a_{14}\\a_{21}&a_{22}&a_{23}&a_{24}\\a_{31}&a_{32}&a_{33}&a_{34}\\a_{41}&a_{42}&a_{43}&a_{44}\end{bmatrix}$；

(2) $\begin{bmatrix}a_{11}&a_{12}&a_{13}&a_{14}\\a_{21}&a_{22}&a_{23}&a_{24}\\a_{31}&a_{32}&a_{33}&a_{34}\\a_{41}&a_{42}&a_{43}&a_{44}\end{bmatrix}\begin{bmatrix}1&0&0&0\\0&0&1&0\\0&1&0&0\\0&0&0&1\end{bmatrix}$。

10. 求：(1) $\begin{bmatrix}1&0&0&0\\0&1&k&0\\0&0&1&0\\0&0&0&1\end{bmatrix}\begin{bmatrix}a_{11}&a_{12}&a_{13}&a_{14}\\a_{21}&a_{22}&a_{23}&a_{24}\\a_{31}&a_{32}&a_{33}&a_{34}\\a_{41}&a_{42}&a_{43}&a_{44}\end{bmatrix}$；

(2) $\begin{bmatrix} a_{11} & a_{12} & a_{13} & a_{14} \\ a_{21} & a_{22} & a_{23} & a_{24} \\ a_{31} & a_{32} & a_{33} & a_{34} \\ a_{41} & a_{42} & a_{43} & a_{44} \end{bmatrix}\begin{bmatrix} 1 & 0 & 0 & 0 \\ 0 & 1 & k & 0 \\ 0 & 0 & 1 & 0 \\ 0 & 0 & 0 & 1 \end{bmatrix}$。

11. 利用初等行变换求下列方阵的逆阵。

(1) $\begin{bmatrix} 1 & 3 & 2 \\ 0 & 1 & 3 \\ 0 & 0 & 1 \end{bmatrix}$；(2) $\begin{bmatrix} 3 & 2 & 1 \\ 3 & 1 & 5 \\ 3 & 2 & 3 \end{bmatrix}$；(3) $\begin{bmatrix} 2 & 2 & 3 \\ 1 & -1 & 0 \\ -1 & 2 & 3 \end{bmatrix}$；(4) $\begin{bmatrix} 2 & 1 & 1 & 1 \\ 1 & 2 & 1 & 1 \\ 1 & 1 & 2 & 1 \\ 1 & 1 & 1 & 2 \end{bmatrix}$；

(5) $\begin{bmatrix} 0 & 0 & 0 & 4 \\ 0 & 0 & 3 & 0 \\ 0 & 2 & 0 & 0 \\ 1 & 0 & 0 & 0 \end{bmatrix}$；(6) $\begin{bmatrix} 3 & -2 & 0 & -1 \\ 0 & 2 & 2 & 1 \\ 1 & -2 & -3 & -2 \\ 0 & 1 & 2 & 1 \end{bmatrix}$。

12. 解矩阵方程。

(1) $\begin{bmatrix} 1 & 2 & 1 \\ 0 & 1 & -1 \\ 0 & 0 & 1 \end{bmatrix}\boldsymbol{X}=\begin{bmatrix} 1 & 2 \\ 3 & 4 \\ 5 & 6 \end{bmatrix}$；(2) $\boldsymbol{X}\begin{bmatrix} 0 & -1 & 1 \\ 2 & -1 & 3 \\ -1 & 1 & 2 \end{bmatrix}=\begin{bmatrix} 1 & 2 & 3 \\ 3 & -1 & 2 \end{bmatrix}$；

(3) $\begin{bmatrix} 1 & 1 & 1 \\ 0 & 1 & 1 \\ 0 & 0 & 1 \end{bmatrix}\boldsymbol{X}=\begin{bmatrix} 0 & -1 \\ -3 & 1 \\ 1 & 2 \end{bmatrix}$。

13. 设 $\boldsymbol{A}=\begin{bmatrix} -1 & -1 & 0 \\ 0 & -1 & -1 \\ -1 & 0 & -1 \end{bmatrix}$，$\boldsymbol{AX}=-3\boldsymbol{X}+\boldsymbol{A}$，求 $\boldsymbol{X}$。

14. 设

$$\boldsymbol{A}=\begin{bmatrix} -4 & 3 & 1 \\ 2 & -1 & 1 \end{bmatrix}$$

(1) 求可逆矩阵 $\boldsymbol{P}$，使 $\boldsymbol{PA}$ 为行最简形;

(2) 求可逆矩阵 $\boldsymbol{Q}$，使 $\boldsymbol{QA}$ 为行最简形。

15. 填空题。

(1) 设 $\boldsymbol{A}=\begin{bmatrix} 1 & -1 & 1 & -1 \\ 2 & -2 & 2 & -2 \\ 3 & -3 & 3 & -3 \end{bmatrix}$，则 $R(\boldsymbol{A})=$________。

(2) 设 $\boldsymbol{A}=\begin{bmatrix} 1 & a & a \\ a & 1 & a \\ a & a & 1 \end{bmatrix}$，且 $R(\boldsymbol{A})=2$，则 $a=$________。

(3) 设 $\boldsymbol{A}=\begin{bmatrix} 1 & 1 & 1 \\ 1 & 2 & 1 \\ 2 & 3 & \lambda+1 \end{bmatrix}$，且 $R(\boldsymbol{A})=2$，则 $\lambda=$________。

(4) 设 $\boldsymbol{A}$ 是 4×3 矩阵，则 $R(\boldsymbol{A}\boldsymbol{A}^{\mathrm{T}})$ 必定________，$\left|\boldsymbol{A}\boldsymbol{A}^{\mathrm{T}}\right|=$________。

16. 选择正确答案，并说明理由。

A. 若矩阵 $\boldsymbol{A},\boldsymbol{B}$ 等价，则 $\boldsymbol{A}=\boldsymbol{B}$

B. 设 $\boldsymbol{AB}=\boldsymbol{O},\boldsymbol{A}\neq\boldsymbol{O}$，则 $\boldsymbol{B}=\boldsymbol{O}$

C. 若矩阵 $\boldsymbol{A},\boldsymbol{E}$ 等价，则 $|\boldsymbol{A}|\neq0$

D. 若 $\boldsymbol{A}$ 是 3×5 的矩阵，则 $3<R(\boldsymbol{A}^{\mathrm{T}}\boldsymbol{A})<5$

17. 若矩阵 $\boldsymbol{A}=[a_{ij}]_{m\times n}$ 的秩为 r，则下列说法不正确的是(　　)。

A. $\boldsymbol{A}$ 的不等于 0 的最高阶子式的阶数为 r

B. $\boldsymbol{A}$ 有一个 r 阶子式不等于 0，而所有 $r+1$ 阶的子式(如果有)均为 0

C. $\boldsymbol{A}$ 有一个 r 阶子式不等于 0，而所有高于 r 阶的子式(如果有)均为 0

D. $\boldsymbol{A}$ 一定有 $n-r$ 行元素全为 0

18. 求下列矩阵的秩。

(1) $\begin{bmatrix}1&3&-1&2\\2&7&0&1\\3&5&-1&3\end{bmatrix}$；　(2) $\begin{bmatrix}1&2&3&4\\1&-2&4&5\\1&10&1&2\end{bmatrix}$；

(3) $\begin{bmatrix}2&1&-1&1\\3&-2&1&-3\\1&4&-3&5\end{bmatrix}$；　(4) $\begin{bmatrix}1&-1&2&1&0\\2&-2&4&2&0\\3&0&6&-1&1\\0&3&0&0&1\end{bmatrix}$；

(5) $\begin{bmatrix}2&1&8&3&7\\2&-3&0&7&-5\\3&-2&5&8&0\\1&0&3&2&0\end{bmatrix}$；　(6) $\begin{bmatrix}1&2&-1&0&3\\2&-1&0&1&-1\\3&1&-1&1&2\\0&-5&2&1&-7\end{bmatrix}$。

19. 问 k 为何值时，矩阵 $\boldsymbol{A}=\begin{bmatrix}-1&2&-3k\\1&-2k&3\\-k&2&-3\end{bmatrix}$ 的秩分别为(1)1；(2)2；(3)3。

20. 已知矩阵 $\begin{bmatrix}1&1&2&1&3\\2&a&1&2&6\\4&5&5&b&12\end{bmatrix}$ 的秩是 2，求 a,b 的值。

21. 设 $\boldsymbol{A}=\begin{bmatrix}1&0&0&0&1\\0&1&0&2&3\\0&0&1&0&5\\0&0&0&a-1&b+3\end{bmatrix}$，讨论矩阵 $\boldsymbol{A}$ 的秩。

22. 设 $\boldsymbol{A}=\begin{bmatrix}k&1&1&1\\1&k&1&1\\1&1&k&1\\1&1&1&k\end{bmatrix}$，讨论矩阵 $\boldsymbol{A}$ 的秩。

23. 设有矩阵 $\boldsymbol{A}_{m\times n}$，矩阵 $\boldsymbol{B}_{n\times m}$，且 $m>n$，则 $|\boldsymbol{AB}|=0$。

24. 设 $n>1$，$\boldsymbol{A}=[a_1\quad a_2\quad \cdots\quad a_n]^{\mathrm{T}}\neq\boldsymbol{O}$，$\boldsymbol{B}=[b_1\quad b_2\quad \cdots\quad b_n]\neq\boldsymbol{O}$，求 $R(\boldsymbol{AB})$ 和 $|\boldsymbol{AB}|$。

25. 证明：秩为 r 的矩阵可表示为 r 个秩为 1 的矩阵之和。

26. 上题的逆命题“r 个秩为 1 的矩阵之和的秩为 1”是否成立？成立请证明，否则请举反例。

27. 设 $\boldsymbol{A}$ 是 4×3 矩阵，$\boldsymbol{B}$ 是 3×4 矩阵，对齐次线性方程组 $\boldsymbol{ABX}=\boldsymbol{O}$，下列结论正确的是(　　)。

A．无解　　B．只有零解　　C．有非零解　　D．可能有解，可能没解

28. 一个非齐次线性方程组的增广矩阵 $\boldsymbol{B}$ 经过初等行变换变为

$$\boldsymbol{B}=\begin{bmatrix}1&-1&3&-7&0&6\\0&0&2&0&\lambda&2\\0&0&0&3&0&\lambda-2\\0&0&0&0&\lambda-1&\lambda+1\end{bmatrix}$$

，则当 λ 取________值时，方程组无解，当 λ 取________值时，方程组有无穷多组解。

29. 方程 $x_1-2x_2+3x_3-2x_4=0$ 的通解为________________。

30. 方程组 $\begin{cases}x_1+2x_3+2x_4=3\\x_2-3x_3-3x_4=-2\end{cases}$ 的通解为________________。

31. 方程组 $\begin{cases}x_1+x_3=-8\\x_2-x_3=13\\x_4=2\end{cases}$ 的通解为________________。

32. 求解下列齐次线性方程组。

(1) $\begin{cases}x_1+x_2+2x_3-x_4=0\\2x_1+x_2+x_3-x_4=0\\2x_1+2x_2+x_3+2x_4=0\end{cases}$　　(2) $\begin{cases}2x_1+3x_2-4x_4=0\\x_1+2x_2+3x_3=0\\x_2+6x_3+4x_4=0\end{cases}$

(3) $\begin{cases}2x_1-3x_2-2x_3+x_4=0\\3x_1+5x_2+4x_3-2x_4=0\\8x_1+7x_2+6x_3-3x_4=0\end{cases}$　　(4) $\begin{cases}x_1-x_2+x_3=0\\3x_1-2x_2-x_3=0\\3x_1-x_2+5x_3=0\\-2x_1+2x_2+3x_3=0\end{cases}$

(5) $\begin{cases}3x+4y-5z+7w=0\\2x-3y+3z-2w=0\\4x+11y-13z+16w=0\\7x-2y+z+3w=0\end{cases}$　　(6) $\begin{cases}x-2y+3z-4w=0\\y-z+w=0\\x+3y-3w=0\\x-4y+3z-2w=0\end{cases}$

33. 求解下列非齐次线性方程组。

(1) $\begin{cases}x_1-5x_2+2x_3-3x_4=11\\-3x_1+x_2-4x_3+2x_4=-5\\-x_1-9x_2-4x_4=17\end{cases}$　　(2) $\begin{cases}2x_1+x_2-x_3+x_4=1\\3x_1-2x_2+x_3-3x_4=4\\x_1+4x_2-3x_3+5x_4=-2\end{cases}$

(3) $\begin{cases} x_1 - 2x_2 + 3x_3 - 4x_4 = 4 \\ x_2 - x_3 + x_4 = -3 \\ x_1 + 3x_2 + x_4 = 1 \\ -7x_2 + 3x_3 + x_4 = -3 \end{cases}$　(4) $\begin{cases} x_1 + x_2 - x_3 - x_4 = 1 \\ 2x_1 + x_2 + x_3 + x_4 = 4 \\ 4x_1 + 3x_2 - x_3 - x_4 = 6 \\ x_1 + 2x_2 - 4x_3 - 4x_4 = -1 \end{cases}$

(5) $\begin{cases} x_1 - x_2 - x_3 + x_4 = 0 \\ x_1 - x_2 + x_3 - 3x_4 = 1 \\ x_1 - x_2 - 2x_3 + 3x_4 = -\dfrac{1}{2} \end{cases}$　(6) $\begin{cases} x_1 + x_2 + x_3 + x_4 + x_5 = 7 \\ 3x_1 + 2x_2 + x_3 + x_4 - 3x_5 = -2 \\ x_2 + 2x_3 + 2x_4 + 6x_5 = 23 \\ 5x_1 + 4x_2 + 3x_3 + 3x_4 - x_5 = 12 \end{cases}$

34. 问 λ 为何值时，齐次线性方程组 $\begin{cases} 2x - y + z = 0 \\ x + \lambda y - z = 0 \\ \lambda x + y + z = 0 \end{cases}$ 只有零解。

35. 问 λ 为何值时，齐次线性方程组 $\begin{cases} x + 2y + 3z = 0 \\ 2x + \lambda y + z = 0 \\ -x + 3y + 2z = 0 \end{cases}$ 有非零解。

36. 问 λ 为何值时，非齐次线性方程组 $\begin{cases} \lambda x + y + z = 1 \\ x + \lambda y + z = \lambda \\ x + y + \lambda z = \lambda^2 \end{cases}$ (1)有唯一解；(2)无解；(3)有无穷多解，并求出它的通解。

37. 当 a,b 取何值时，方程组

$$\begin{cases} x_1 + x_2 + x_3 + x_4 + x_5 = 1 \\ 3x_1 + 2x_2 + x_3 + x_4 - 3x_5 = a \\ x_2 + 2x_2 + 2x_4 + 6x_5 = 3 \\ 5x_1 + 4x_2 + 3x_3 + 3x_4 - x_5 = b \end{cases}$$

有解？有解时，写出通解。

38. 设线性方程组

$$\begin{cases} a_{11}x_1 + a_{12}x_2 + \cdots + a_{1n}x_n = b_1 \\ a_{21}x_1 + a_{22}x_2 + \cdots + a_{2n}x_n = b_2 \\ \qquad\qquad \vdots \\ a_{n1}x_1 + a_{n2}x_2 + \cdots + a_{nn}x_n = b_n \end{cases}$$

的系数矩阵的秩等于矩阵

$$\begin{bmatrix} a_{11} & a_{12} & \cdots & a_{1n} & b_1 \\ a_{21} & a_{22} & \cdots & a_{2n} & b_2 \\ \vdots & \vdots & & \vdots & \vdots \\ a_{n1} & a_{n2} & \cdots & a_{nn} & b_n \\ b_1 & b_2 & \cdots & b_n & 0 \end{bmatrix}$$

的秩，试证这个方程组有解。

第 4 章　向量组的线性相关性

为了进一步从理论上深入探讨线性方程组解的问题，需要引入 n 维向量及其线性相关性理论。本章的概念和理论对后面章节中所讨论的抽象的向量也是适用的。

4.1　向量组及其线性组合

在中学阶段，我们已经学过向量的概念，现再叙述如下。

定义 4.1　n 个数组成的有序数组 $(a_1, a_2, \cdots, a_n)$ 称为 n **维向量**，第 i 个数 a_i 称为这 n 维向量的第 i 个分量，通常用希腊字母 $\alpha, \beta, \gamma, \cdots$ 表示向量，而用字母 $a, b, c, \cdots$ 表示分量。由实数分量构成的向量称为实向量，分量为复数的向量为复向量。在本书中的向量无特殊说明时，默认为实向量。

通常，一个向量可写成一列也可写成一行。称

$$\boldsymbol{\alpha}=\begin{bmatrix} a_1 \\ a_2 \\ \vdots \\ a_n \end{bmatrix}$$

为 n 维列向量。而称

$$\boldsymbol{\alpha}^{\mathrm{T}}=[a_1, a_2, \cdots, a_n]$$

为 n 维行向量。以后若不加声明，本书中所提到的 n 维向量均指 n 维列向量。

依据前面章节所述的矩阵的有关规定，行、列向量也就是行、列矩阵。我们规定行、列向量的运算均按照矩阵的运算规则进行。通常，将向量的加法与数乘运算统称为向量的线性运算，由此我们可讨论向量之间的线性关系。

利用向量有许多的方便之处。例如，利用向量运算可以将一般线性方程组

$$\begin{cases} a_{11}x_1 + a_{12}x_2 + \cdots + a_{1n}x_n = b_1 \\ a_{21}x_1 + a_{22}x_2 + \cdots + a_{2n}x_n = b_2 \\ \qquad\qquad\vdots \\ a_{m1}x_1 + a_{m2}x_2 + \cdots + a_{mn}x_n = b_m \end{cases}$$

简写成向量形式：

$$\boldsymbol{\alpha}_1 x_1 + \boldsymbol{\alpha}_2 x_2 + \cdots + \boldsymbol{\alpha}_n x_n = \boldsymbol{b} \tag{4.1}$$

式中

$$\boldsymbol{\alpha}_1 = \begin{bmatrix} a_{11} \\ a_{21} \\ \vdots \\ a_{m1} \end{bmatrix},\quad \boldsymbol{\alpha}_2 = \begin{bmatrix} a_{12} \\ a_{22} \\ \vdots \\ a_{m2} \end{bmatrix},\quad \ldots,\quad \boldsymbol{\alpha}_n = \begin{bmatrix} a_{1n} \\ a_{2n} \\ \vdots \\ a_{mn} \end{bmatrix},\quad \boldsymbol{b} = \begin{bmatrix} b_1 \\ b_2 \\ \vdots \\ b_m \end{bmatrix} \tag{4.2}$$

这样，就可以借助向量来讨论线性方程组的有关问题。

由若干个相同维数的列向量(或相同维数的行向量)所构成的集合称为**向量组**。例如，上述式(4.2)中的向量 $\boldsymbol{\alpha}_1, \boldsymbol{\alpha}_2, \cdots, \boldsymbol{\alpha}_n, \boldsymbol{b}$ 就可以看成是一个向量组。

定义 4.2　设 $\boldsymbol{\alpha}_1, \boldsymbol{\alpha}_2, \cdots, \boldsymbol{\alpha}_m$ 为一组 n 维向量，任取一组实数 $k_1, k_2, \cdots, k_m$，称向量

$$k_1\boldsymbol{\alpha}_1 + k_2\boldsymbol{\alpha}_2 + \cdots + k_m\boldsymbol{\alpha}_m \tag{4.3}$$

为向量组 $\boldsymbol{\alpha}_1, \boldsymbol{\alpha}_2, \cdots, \boldsymbol{\alpha}_m$ 的一个**线性组合**。

若 n 维向量 $\boldsymbol{\beta}$ 可表示成 $\boldsymbol{\alpha}_1, \boldsymbol{\alpha}_2, \cdots, \boldsymbol{\alpha}_m$ 的一个线性组合。即若存在一组数 $k_1, k_2, \cdots, k_m$，使

$$\boldsymbol{\beta} = k_1\boldsymbol{\alpha}_1 + k_2\boldsymbol{\alpha}_2 + \cdots + k_m\boldsymbol{\alpha}_m \tag{4.4}$$

则称 $\boldsymbol{\beta}$ 可由向量组 $\boldsymbol{\alpha}_1, \boldsymbol{\alpha}_2, \cdots, \boldsymbol{\alpha}_m$ 线性表示。

例 4.1　任意 n 维向量 $\boldsymbol{\alpha} = [\boldsymbol{\alpha}_1, \boldsymbol{\alpha}_2, \cdots, \boldsymbol{\alpha}_n]^{\mathrm{T}}$，均可由 n 维向量组 $\boldsymbol{\varepsilon}_1 = [1, 0, \cdots, 0]^{\mathrm{T}}$，$\boldsymbol{\varepsilon}_2 = [0, 1, \cdots, 0]^{\mathrm{T}}$，…，$\boldsymbol{\varepsilon}_n = [0, 0, \cdots, 1]^{\mathrm{T}}$ 线性表示。

解　因为

$$\begin{bmatrix} a_1 \\ a_2 \\ \vdots \\ a_n \end{bmatrix} = \boldsymbol{\alpha}_1 \begin{bmatrix} 1 \\ 0 \\ \vdots \\ 0 \end{bmatrix} + \boldsymbol{\alpha}_2 \begin{bmatrix} 0 \\ 1 \\ \vdots \\ 0 \end{bmatrix} + \cdots + \boldsymbol{\alpha}_n \begin{bmatrix} 0 \\ 0 \\ \vdots \\ 1 \end{bmatrix}$$

所以 $\boldsymbol{\alpha} = \boldsymbol{\alpha}_1\boldsymbol{\varepsilon}_1 + \boldsymbol{\alpha}_2\boldsymbol{\varepsilon}_2 + \cdots + \boldsymbol{\alpha}_n\boldsymbol{\varepsilon}_n$。

当然式(4.4)也可用矩阵形式表示，即

$$\boldsymbol{\beta} = [\boldsymbol{\alpha}_1, \boldsymbol{\alpha}_2, \cdots, \boldsymbol{\alpha}_m] \begin{bmatrix} k_1 \\ k_2 \\ \vdots \\ k_m \end{bmatrix} \tag{4.5}$$

其中 $[\boldsymbol{\alpha}_1, \boldsymbol{\alpha}_2, \cdots, \boldsymbol{\alpha}_m]$ 是一个 $n \times m$ 矩阵，$[k_1, k_2, \cdots, k_m]^{\mathrm{T}}$ 是 m 元列向量。

设 $\boldsymbol{A}_{n\times m} = [\boldsymbol{\alpha}_1, \boldsymbol{\alpha}_2, \cdots, \boldsymbol{\alpha}_m]$，$\boldsymbol{X} = [k_1, k_2, \cdots, k_m]^{\mathrm{T}}$，则式(4.5)也可表示成

$$\boldsymbol{AX} = \boldsymbol{\beta} \tag{4.6}$$

判断向量 $\boldsymbol{\beta}$ 是否能由向量组 $\boldsymbol{\alpha}_1, \boldsymbol{\alpha}_2, \cdots, \boldsymbol{\alpha}_m$ 线性表示，根据定义，这个问题取决于能否找到一组数 $k_1, k_2, \cdots, k_m$，使得 $\boldsymbol{\beta} = k_1\boldsymbol{\alpha}_1 + k_2\boldsymbol{\alpha}_2 + \cdots + k_m\boldsymbol{\alpha}_m$ 成立，即

$$AX=\beta$$

这是一个常数项为 β 的非齐次线性方程组，因此判断向量 β 是否能由向量组 $\alpha_1,\alpha_2,\cdots,\alpha_m$ 线性表示的问题，就转化归结为非齐次线性方程组是否有解的问题。综上分析，可得如下结论。

定理 4.1　向量 β 可由 $\alpha_1,\alpha_2,\cdots,\alpha_m$ 线性表示的充分必要条件是线性方程组 $k_1\alpha_1+k_2\alpha_2+\cdots+k_m\alpha_m=\beta$ 有解。

证明　设

$$\alpha_1=\begin{bmatrix}a_{11}\\a_{21}\\\vdots\\a_{n1}\end{bmatrix},\quad \alpha_2=\begin{bmatrix}a_{12}\\a_{22}\\\vdots\\a_{n2}\end{bmatrix},\quad \cdots,\quad \alpha_m=\begin{bmatrix}a_{1m}\\a_{2m}\\\vdots\\a_{nm}\end{bmatrix},\quad \beta=\begin{bmatrix}b_1\\b_2\\\vdots\\b_n\end{bmatrix}$$

β 由 $\alpha_1,\alpha_2,\cdots,\alpha_m$ 线性表示 $\Leftrightarrow$ 存在一组数 k_1，k_2,…，k_m，使得

$$\beta=k_1\alpha_1+k_2\alpha_2+\cdots+k_m\alpha_m$$

即

$$\begin{bmatrix}b_1\\b_2\\\vdots\\b_n\end{bmatrix}=k_1\begin{bmatrix}a_{11}\\a_{21}\\\vdots\\a_{n1}\end{bmatrix}+k_2\begin{bmatrix}a_{12}\\a_{22}\\\vdots\\a_{n2}\end{bmatrix}+\cdots+k_m\begin{bmatrix}a_{1m}\\a_{2m}\\\vdots\\a_{nm}\end{bmatrix}\Leftrightarrow\begin{cases}a_{11}x_1+a_{12}x_2+\cdots+a_{1m}x_m=b_1\\a_{21}x_1+a_{22}x_2+\cdots+a_{2m}x_m=b_2\\\qquad\qquad\vdots\\a_{n1}x_1+a_{n2}x_2+\cdots+a_{nm}x_m=b_n\end{cases}$$

有解，且 $k_1,k_2,\ldots,k_m$ 是它的一个解。

推论 4.1　向量 β 可由 $\alpha_1,\alpha_2,\cdots,\alpha_m$ 线性表示的充分必要条件是矩阵 $[\alpha_1,\alpha_2,\cdots,\alpha_m]$ 的秩与矩阵 $[\alpha_1,\alpha_2,\cdots,\alpha_m,\beta]$ 的秩相等。

综上所述，判断一个向量能否由某个向量组线性表示的问题，可转化为非齐次线性方程组是否有解的问题，进而转化为非齐次线性方程组系数矩阵的秩与对应的增广矩阵的秩是否相等的问题，而此问题我们经常是用初等变换求秩来加以判断的。

例 4.2　已知向量 $\alpha_1=[1,0,2,1]^{\mathrm T}$，$\alpha_2=[1,2,0,1]^{\mathrm T}$，$\alpha_3=[2,1,3,0]^{\mathrm T}$，$\alpha_4=[2,5,-1,4]^{\mathrm T}$，试问 α_4 可否由向量组 $\alpha_1,\alpha_2,\alpha_3$ 线性表示。

解　记 $A=[\alpha_1,\alpha_2,\alpha_3]$，$\tilde{A}=[\alpha_1,\alpha_2,\alpha_3,\alpha_4]$。

$$\tilde{A}=\begin{bmatrix}1&1&2&2\\0&2&1&5\\2&0&3&-1\\1&1&0&4\end{bmatrix}\xrightarrow[r_4-r_1]{r_3-2r_1}\begin{bmatrix}1&1&2&2\\0&2&1&5\\0&-2&-1&-5\\0&0&-2&2\end{bmatrix}\xrightarrow[-\frac{1}{2}\times r_4]{r_3+r_2}\begin{bmatrix}1&1&2&2\\0&2&1&5\\0&0&0&0\\0&0&1&-1\end{bmatrix}\xrightarrow{r_3\leftrightarrow r_4}\begin{bmatrix}1&1&2&2\\0&2&1&5\\0&0&1&-1\\0&0&0&0\end{bmatrix}$$

得 $R(A)=R(\tilde{A})=3$，根据推论 4.1，得 α_4 可由 $\alpha_1,\alpha_2,\alpha_3$ 线性表示，进一步求线性表示式

$$\begin{bmatrix}1&1&2&2\\0&2&1&5\\0&0&1&-1\\0&0&0&0\end{bmatrix}\xrightarrow[r_2-r_3]{r_1-2r_3}\begin{bmatrix}1&1&0&4\\0&2&0&6\\0&0&1&-1\\0&0&0&0\end{bmatrix}\xrightarrow{\frac{1}{2}\times r_2}\begin{bmatrix}1&1&0&4\\0&1&0&3\\0&0&1&-1\\0&0&0&0\end{bmatrix}\xrightarrow{r_1-r_2}\begin{bmatrix}1&0&0&1\\0&1&0&3\\0&0&1&-1\\0&0&0&0\end{bmatrix}$$

得 $AX=\alpha_4$ 的解 x_1=1，x_2=3，x_3=−1，于是有

$$\alpha_4=\alpha_1+3\alpha_2-\alpha_3$$

例 4.3　设 $\boldsymbol{\beta}=[0,1,b,-1]^{\mathrm{T}},\boldsymbol{\alpha}_1=[1,0,0,3]^{\mathrm{T}},\boldsymbol{\alpha}_2=[1,1,-1,2]^{\mathrm{T}},\boldsymbol{\alpha}_3=[1,2,a-3,1]^{\mathrm{T}}$，$\boldsymbol{\alpha}_4=[1,2,-2,a]^{\mathrm{T}}$，问 a,b 取何值：

(1) 向量 $\boldsymbol{\beta}$ 可由向量组 $\boldsymbol{\alpha}_1,\boldsymbol{\alpha}_2,\boldsymbol{\alpha}_3,\boldsymbol{\alpha}_4$ 线性表示，且表达式唯一；

(2) 向量 $\boldsymbol{\beta}$ 不能由向量组 $\boldsymbol{\alpha}_1,\boldsymbol{\alpha}_2,\boldsymbol{\alpha}_3,\boldsymbol{\alpha}_4$ 线性表示；

(3) 向量 $\boldsymbol{\beta}$ 可由向量组 $\boldsymbol{\alpha}_1,\boldsymbol{\alpha}_2,\boldsymbol{\alpha}_3,\boldsymbol{\alpha}_4$ 线性表示，但表达式不唯一，并写出一般式。

解　设 $\boldsymbol{\beta}$ 可由向量组 $\boldsymbol{\alpha}_1,\boldsymbol{\alpha}_2,\boldsymbol{\alpha}_3,\boldsymbol{\alpha}_4$ 线性表示，即 $\boldsymbol{\beta}=x_1\boldsymbol{\alpha}_1+x_2\boldsymbol{\alpha}_2+x_3\boldsymbol{\alpha}_3+x_4\boldsymbol{\alpha}_4$，则

$$\begin{cases} x_1+x_2+x_3+x_4=0 \\ x_2+2x_3+2x_4=1 \\ -x_2+(a-3)x_3-2x_4=b \\ 3x_1+2x_2+x_3+ax_4=-1 \end{cases} \tag{*}$$

对其增广矩阵 $\boldsymbol{B}$ 施行初等行变换：

$$\boldsymbol{B}=\begin{bmatrix} 1 & 1 & 1 & 1 & \vdots & 0 \\ 0 & 1 & 2 & 2 & \vdots & 1 \\ 0 & -1 & a-3 & -2 & \vdots & b \\ 3 & 2 & 1 & a & \vdots & -1 \end{bmatrix} \longrightarrow \begin{bmatrix} 1 & 0 & -1 & -1 & \vdots & -1 \\ 0 & 1 & 2 & 2 & \vdots & 1 \\ 0 & 0 & a-1 & 0 & \vdots & b+1 \\ 0 & 0 & 0 & a-1 & \vdots & 0 \end{bmatrix}$$

(1) 当 $a\neq 1$，b 为任意实数时，$R(\boldsymbol{A})=R(\boldsymbol{B})=4$，方程组(*)有唯一解，即向量 $\boldsymbol{\beta}$ 可由向量组 $\boldsymbol{\alpha}_1,\boldsymbol{\alpha}_2,\boldsymbol{\alpha}_3\ \boldsymbol{\alpha}_4$ 线性表示，且表达式唯一；

(2) 当 $a=1$，$b\neq -1$ 时，$R(\boldsymbol{A})=2$，$R(\boldsymbol{B})=3$，方程组(*)无解，即向量 $\boldsymbol{\beta}$ 不可由向量组 $\boldsymbol{\alpha}_1,\boldsymbol{\alpha}_2,\boldsymbol{\alpha}_3\ \boldsymbol{\alpha}_4$ 线性表示；

(3) 当 $a=1$，$b=-1$ 时，$R(\boldsymbol{A})=R(\boldsymbol{B})=2<4$，方程组(*)有无数解，其通解为

$$\boldsymbol{x}=[-1,1,0,0]^{\mathrm{T}}+t_1[1,-2,1,0]^{\mathrm{T}}+t_2[1,-2,0,1]^{\mathrm{T}}\ (t_1,t_2\in\mathbf{R})$$

此时向量 $\boldsymbol{\beta}$ 可由向量组 $\boldsymbol{\alpha}_1,\boldsymbol{\alpha}_2,\boldsymbol{\alpha}_3\ \boldsymbol{\alpha}_4$ 线性表示，且表达式不唯一

$$\boldsymbol{\beta}=[-1+t_1+t_2]\boldsymbol{\alpha}_1+[1-2t_1-2t_2]\boldsymbol{\alpha}_2+t_1\boldsymbol{\alpha}_3+t_2\boldsymbol{\alpha}_4\ (t_1,t_2\in\mathbf{R})$$

4.2　向量的线性相关性

定义 4.3　对于向量组 $\boldsymbol{\alpha}_1,\boldsymbol{\alpha}_2,\cdots,\boldsymbol{\alpha}_n$，若存在不全为零的数 $k_1,k_2,\cdots,k_n$，使

$$k_1\boldsymbol{\alpha}_1+k_2\boldsymbol{\alpha}_2+\cdots+k_n\boldsymbol{\alpha}_n=\mathbf{0}$$

成立，则称向量组 $\boldsymbol{\alpha}_1,\boldsymbol{\alpha}_2,\cdots,\boldsymbol{\alpha}_n$ 线性相关；否则称向量组 $\boldsymbol{\alpha}_1,\boldsymbol{\alpha}_2,\cdots,\boldsymbol{\alpha}_n$ 线性无关。即若当且仅当 $k_1=k_2=\cdots=k_n=0$ 时，上面等式才成立，则称向量组 $\boldsymbol{\alpha}_1,\boldsymbol{\alpha}_2,\cdots,\boldsymbol{\alpha}_n$ 线性无关。

例 4.4　证明

(1) 只有一个向量 $\boldsymbol{\alpha}$ 的向量组，$\boldsymbol{\alpha}=\mathbf{0}$ 时必线性相关，$\boldsymbol{\alpha}\neq\mathbf{0}$ 必线性无关；

(2) 含有零向量的任意一个向量组必线性相关；

(3) n 维基本单位向量组 $\boldsymbol{\varepsilon}_1,\boldsymbol{\varepsilon}_2,\cdots,\boldsymbol{\varepsilon}_n$ 线性无关。

证明　(1) 若 $\boldsymbol{\alpha}=\mathbf{0}$，那么对任意 $k\neq 0$，都有 $k\boldsymbol{\alpha}=\mathbf{0}$ 成立，即一个零向量线性相关；而当 $\boldsymbol{\alpha}\neq\mathbf{0}$ 时，当且仅当 $k=0$ 时，$k\boldsymbol{\alpha}=\mathbf{0}$ 才成立。故一个非零向量线性无关。

(2) 设向量组 $\boldsymbol{\alpha}_1,\boldsymbol{\alpha}_2,\cdots,\boldsymbol{\alpha}_m$ 中，$\boldsymbol{\alpha}_i=\mathbf{0}$，显然有

$$0\boldsymbol{\alpha}_1+\ldots+0\boldsymbol{\alpha}_{i-1}+1\times\mathbf{0}+0\times\boldsymbol{\alpha}_{i+1}+\ldots+0\times\boldsymbol{\alpha}_m=\mathbf{0}$$

而 $0,\cdots,0,1,0,\cdots,0$ 不全为零，所以含有零向量的向量组线性相关。

(3) 若 $k_1\boldsymbol{\varepsilon}_1+k_2\boldsymbol{\varepsilon}_2+\cdots+k_n\boldsymbol{\varepsilon}_n=\mathbf{0}$，有

$$k_1[1,0,\cdots,0]+k_2[0,1,\cdots,0]+\cdots+k_n[0,0,\cdots,1]=[0,0,\cdots,0]$$

即

$$[k_1,k_2,\cdots,k_n]=[0,0,\cdots,0]$$

于是只有 $k_1=k_2=\cdots=k_n=0$，故 $\boldsymbol{\varepsilon}_1,\boldsymbol{\varepsilon}_2,\cdots,\boldsymbol{\varepsilon}_n$ 线性无关。

由定义容易验证以下结论。

(1) 如果一个向量组中有一部分向量线性相关，则整个向量组线性相关；

(2) 如果一个向量组线性无关，则它的任何一个部分向量组必线性无关。

如何判别向量组 $\boldsymbol{\alpha}_1,\boldsymbol{\alpha}_2,\cdots,\boldsymbol{\alpha}_m$ 的线性相关性？根据线性相关的定义，可知向量组 $\boldsymbol{\alpha}_1,\boldsymbol{\alpha}_2,\cdots,\boldsymbol{\alpha}_m$ 是否线性相关，取决于 $k_1\boldsymbol{\alpha}_1+k_2\boldsymbol{\alpha}_2+\cdots+k_m\boldsymbol{\alpha}_m=\mathbf{0}$ 这个齐次线性方程组是否有非零解，进而转化为判别矩阵 $\boldsymbol{A}_{n\times m}=[\boldsymbol{\alpha}_1,\boldsymbol{\alpha}_2,\cdots,\boldsymbol{\alpha}_m]$ 的秩是否小于 m，于是得到如下结论。

定理 4.2　向量组 $\boldsymbol{\alpha}_1=[a_{11},a_{21},\cdots,a_{n1}]^{\mathrm{T}}$，$\boldsymbol{\alpha}_2=[a_{12},a_{22},\cdots,a_{n2}]^{\mathrm{T}}$，$\cdots$，$\boldsymbol{\alpha}_m=[a_{1m},a_{2m},\cdots,a_{nm}]^{\mathrm{T}}$。设

$$\boldsymbol{A}=[\boldsymbol{\alpha}_1,\boldsymbol{\alpha}_2,\cdots,\boldsymbol{\alpha}_m]=\begin{bmatrix}a_{11}&a_{12}&\cdots&a_{1m}\\a_{21}&a_{22}&\cdots&a_{2m}\\\vdots&\vdots&&\vdots\\a_{n1}&a_{n2}&\cdots&a_{nm}\end{bmatrix}$$

线性相关的充要条件是矩阵的秩 $R(\boldsymbol{A})<m$，向量组 $\boldsymbol{\alpha}_1,\boldsymbol{\alpha}_2,\cdots,\boldsymbol{\alpha}_m$ 线性无关的充要条件是 $R(\boldsymbol{A})=m$。

证明　由定义可知，n 维向量组 $\boldsymbol{\alpha}_1,\boldsymbol{\alpha}_2,\cdots,\boldsymbol{\alpha}_m$ 的线性相关性，取决于向量方程

$$x_1\boldsymbol{\alpha}_1+x_2\boldsymbol{\alpha}_2+\cdots+x_m\boldsymbol{\alpha}_m=\mathbf{0} \tag{4.7}$$

有非零解，还是只有零解。

将方程(4.7)改写为

$$[\boldsymbol{\alpha}_1,\boldsymbol{\alpha}_2,\cdots,\boldsymbol{\alpha}_m]\begin{bmatrix}x_1\\x_2\\\vdots\\x_m\end{bmatrix}=\mathbf{0} \tag{4.8}$$

设 $\boldsymbol{X}=[x_1,x_2,\cdots,x_m]^{\mathrm{T}}$，即有

$$\boldsymbol{AX}=\mathbf{0} \tag{4.9}$$

这是一个齐次线性方程组。而齐次线性方程组有非零解的充要条件是 $R(\boldsymbol{A})<m$，只有零解的充要条件是 $R(\boldsymbol{A})=m$。从而结论成立。

推论 4.2　当 $m=n$ 时，$\boldsymbol{A}$ 为 n 阶方阵，则

(1) n 维向量组 $\boldsymbol{\alpha}_1,\boldsymbol{\alpha}_2,\cdots,\boldsymbol{\alpha}_n$ 线性相关的充要条件是 $|\boldsymbol{A}|\neq\mathbf{0}$；

(2) n 维向量组 $\boldsymbol{\alpha}_1,\boldsymbol{\alpha}_2,\cdots,\boldsymbol{\alpha}_n$ 线性相关的充要条件是 $|\boldsymbol{A}|=\mathbf{0}$。

推论 4.3　当向量组中所含向量个数大于向量的维数时 $(m>n)$ 时，任意 m 个 n 维向量都线性相关。

例 4.5　判断向量组 $\boldsymbol{\alpha}_1=[1,1,3,1]^{\mathrm{T}}$，$\boldsymbol{\alpha}_2=[3,-1,2,4]^{\mathrm{T}}$，$\boldsymbol{\alpha}_3=[2,2,7,-1]^{\mathrm{T}}$ 的线性相关性。

解

$$[\boldsymbol{\alpha}_1,\boldsymbol{\alpha}_2,\boldsymbol{\alpha}_3]=\begin{bmatrix}1&3&2\\1&-1&2\\3&2&7\\1&4&-1\end{bmatrix}\xrightarrow[r_4-r_1]{\substack{r_2-r_1\\r_3-3r_1}}\begin{bmatrix}1&3&2\\0&-4&0\\0&-7&1\\0&1&-3\end{bmatrix}\xrightarrow[\substack{r_3-\frac{7}{4}\times r_2\\r_4+\frac{1}{4}\times r_2}]{\frac{-1}{4}\times r_2}\begin{bmatrix}1&3&2\\0&1&0\\0&0&1\\0&0&-3\end{bmatrix}\xrightarrow{r_4+3\times r_2}\begin{bmatrix}1&3&2\\0&1&0\\0&0&1\\0&0&0\end{bmatrix}$$

$R(\boldsymbol{\alpha}_1,\boldsymbol{\alpha}_1,\boldsymbol{\alpha}_3)=3$，故向量组 $\boldsymbol{\alpha}_1,\boldsymbol{\alpha}_2,\boldsymbol{\alpha}_3$ 线性无关。

例 4.6　已知 $\boldsymbol{\alpha}_1=\begin{bmatrix}1\\1\\2\\1\end{bmatrix}$，$\boldsymbol{\alpha}_2=\begin{bmatrix}1\\0\\0\\2\end{bmatrix}$，$\boldsymbol{\alpha}_3=\begin{bmatrix}-1\\-4\\-8\\k\end{bmatrix}$ 线性相关，求 k。

解

$$\boldsymbol{A}=[\boldsymbol{\alpha}_1,\boldsymbol{\alpha}_2,\boldsymbol{\alpha}_3]=\begin{bmatrix}1&1&-1\\1&0&-4\\2&0&-8\\1&2&k\end{bmatrix}\sim\begin{bmatrix}1&1&-1\\0&-1&-3\\0&0&k-2\\0&0&0\end{bmatrix}$$

由于 $\boldsymbol{\alpha}_1,\boldsymbol{\alpha}_2,\boldsymbol{\alpha}_3$ 线性相关，所以 $k=2$。

例 4.7　设 $\boldsymbol{\beta}_1=\boldsymbol{\alpha}_1+\boldsymbol{\alpha}_2$，$\boldsymbol{\beta}_2=\boldsymbol{\alpha}_2+\boldsymbol{\alpha}_3$，$\boldsymbol{\beta}_3=\boldsymbol{\alpha}_3+\boldsymbol{\alpha}_4$，$\boldsymbol{\beta}_4=\boldsymbol{\alpha}_4+\boldsymbol{\alpha}_1$，证明向量组 $\boldsymbol{\beta}_1,\boldsymbol{\beta}_2,\boldsymbol{\beta}_3,\boldsymbol{\beta}_4$ 线性相关。

证明　设有 x_1,x_2,x_3,x_4，使 $x_1\boldsymbol{\beta}_1+x_2\boldsymbol{\beta}_2+x_3\boldsymbol{\beta}_3+x_4\boldsymbol{\beta}_4=\boldsymbol{0}$，则

$$x_1(\boldsymbol{\alpha}_1+\boldsymbol{\alpha}_2)+x_2(\boldsymbol{\alpha}_2+\boldsymbol{\alpha}_3)+x_3(\boldsymbol{\alpha}_3+\boldsymbol{\alpha}_4)+x_4(\boldsymbol{\alpha}_4+\boldsymbol{\alpha}_1)=0$$

即

$$(x_1+x_4)\boldsymbol{\alpha}_1+(x_1+x_2)\boldsymbol{\alpha}_2+(x_2+x_3)\boldsymbol{\alpha}_3+(x_3+x_4)\boldsymbol{\alpha}_4=0$$

(1) 若 $\boldsymbol{a}_1,\boldsymbol{a}_2,\boldsymbol{a}_3,\boldsymbol{a}_4$ 线性相关，则存在不全为零的数 k_1,k_2,k_3,k_4：

$$\begin{cases}k_1=x_1+x_4\\k_2=x_1+x_2\\k_3=x_2+x_3\\k_4=x_3+x_4\end{cases}$$

由 k_1,k_2,k_3,k_4 不全为零，知 x_1,x_2,x_3,x_4 不全为零，即 $\boldsymbol{\beta}_1,\boldsymbol{\beta}_2,\boldsymbol{\beta}_3,\boldsymbol{\beta}_4$ 线性相关。

(2) 若 $\boldsymbol{\alpha}_1,\boldsymbol{\alpha}_2,\boldsymbol{\alpha}_3,\boldsymbol{\alpha}_4$ 线性无关，则

$$\begin{cases}0=x_1+x_4\\0=x_1+x_2\\0=x_2+x_3\\0=x_3+x_4\end{cases}$$

此齐次方程存在非零解，即 $\boldsymbol{\beta}_1,\boldsymbol{\beta}_2,\boldsymbol{\beta}_3,\boldsymbol{\beta}_4$ 线性相关。

例 4.8　判断向量组 $\boldsymbol{\alpha}_1=[1,1,3,1]^{\mathrm{T}}$，$\boldsymbol{\alpha}_2=[-1,1,-1,3]^{\mathrm{T}}$，$\boldsymbol{\alpha}_3=[5,-2,8,-9]^{\mathrm{T}}$，$\boldsymbol{\alpha}_4=[-1,3,1,7]^{\mathrm{T}}$ 的线性相关性。如果线性相关，写出其中一个向量由其余向量线性表示的表达式。

解　根据定理 4.2，首先用初等行变换把系数矩阵 $\boldsymbol{A}$ 变换为阶梯形矩阵，即

$$[\boldsymbol{\alpha}_1,\boldsymbol{\alpha}_2,\boldsymbol{\alpha}_3,\boldsymbol{\alpha}_4]=\begin{bmatrix}1&-1&5&-1\\1&1&-2&3\\3&-1&8&1\\1&3&-9&7\end{bmatrix}\to\begin{bmatrix}1&0&\frac{3}{2}&1\\0&1&-\frac{7}{2}&2\\0&0&0&0\\0&0&0&0\end{bmatrix}$$

因为 $R(\boldsymbol{A})=2<n=4$，所以方程组有非零解，从而知 $\boldsymbol{\alpha}_1,\boldsymbol{\alpha}_2,\boldsymbol{\alpha}_3,\boldsymbol{\alpha}_4$ 线性相关。且

$$\boldsymbol{\alpha}_3=\frac{3}{2}\boldsymbol{\alpha}_1-\frac{7}{2}\boldsymbol{\alpha}_2$$

$$\boldsymbol{\alpha}_4=\boldsymbol{\alpha}_1+2\boldsymbol{\alpha}_2$$

可以看出，所求的表达式不是唯一的。

定理 4.3　向量组 $\boldsymbol{\alpha}_1,\boldsymbol{\alpha}_2,\cdots,\boldsymbol{\alpha}_n$ $(n\geqslant 2)$ 线性相关的充分必要条件是其中至少有一个向量可由其余 $n-1$ 个向量线性表示。

证明　(1) 必要性。

若向量组 $\boldsymbol{\alpha}_1,\boldsymbol{\alpha}_2,\cdots,\boldsymbol{\alpha}_n$ 线性相关，则存在一组不全为零的数 $k_1,k_2,\cdots,k_n$，使关系式

$$k_1\boldsymbol{\alpha}_1+k_2\boldsymbol{\alpha}_2+\cdots+k_n\boldsymbol{\alpha}_n=\mathbf{0}$$

成立。

设 $k_i\neq 0\,(1\leqslant i\leqslant n)$，则由上式得

$$k_i\boldsymbol{\alpha}_i=-k_1\boldsymbol{\alpha}_1-\cdots-k_{i-1}\boldsymbol{\alpha}_{i-1}-k_{i+1}\boldsymbol{\alpha}_{i+1}\cdots-k_n\boldsymbol{\alpha}_n$$

即

$$\boldsymbol{\alpha}_i=-\frac{k_1}{k_i}\boldsymbol{\alpha}_1-\cdots-\frac{k_{i-1}}{k_i}\boldsymbol{\alpha}_{i-1}-\frac{k_{i+1}}{k_i}\boldsymbol{\alpha}_{i+1}\cdots-\frac{k_n}{k_i}\boldsymbol{\alpha}_n$$

所以 $\boldsymbol{\alpha}_i$ 可由 $\boldsymbol{\alpha}_1,\boldsymbol{\alpha}_2,\cdots,\boldsymbol{\alpha}_n$ 线性表示。

(2) 充分性。

如果向量组 $\boldsymbol{\alpha}_1,\boldsymbol{\alpha}_2,\cdots,\boldsymbol{\alpha}_n$ 中有一个向量 $\boldsymbol{\alpha}_j$ 可由其余 $n-1$ 个向量线性表示，即

$$\boldsymbol{\alpha}_j=l_1\boldsymbol{\alpha}_1+\ldots+l_{i-1}\boldsymbol{\alpha}_{j-1}+l_{j+1}\boldsymbol{\alpha}_{j+1}+\ldots+l_n\boldsymbol{\alpha}_n$$

$$l_1\boldsymbol{\alpha}_1+\ldots+l_{i-1}\boldsymbol{\alpha}_{j-1}-\boldsymbol{\alpha}_j+l_{j+1}\boldsymbol{\alpha}_{j+1}+\ldots+l_n\boldsymbol{\alpha}_n=\mathbf{0}$$

因为 $l_1,\cdots,\ l_{j-1},-1,l_{j+1},\cdots,\ l_m$ 不全为零，所以 $\boldsymbol{\alpha}_1,\boldsymbol{\alpha}_2,\cdots,\boldsymbol{\alpha}_n$ 线性相关。

由定理 4.3 立即得到如下一个推论。

推论 4.4　向量组 $\boldsymbol{\alpha}_1,\boldsymbol{\alpha}_2,\cdots,\boldsymbol{\alpha}_n$ $(n\geqslant 2)$ 线性无关的充分必要条件是其中每一个向量都不能由其余 $n-1$ 个向量线性表示。

定理 4.4　若向量组 $\boldsymbol{\alpha}_1,\boldsymbol{\alpha}_2,\cdots,\boldsymbol{\alpha}_n$ 线性无关，而向量组 $\boldsymbol{\beta},\boldsymbol{\alpha}_1,\boldsymbol{\alpha}_2,\cdots,\boldsymbol{\alpha}_n$ 线性相关，则 $\boldsymbol{\beta}$ 可由 $\boldsymbol{\alpha}_1,\boldsymbol{\alpha}_2,\cdots,\boldsymbol{\alpha}_n$ 线性表示，且表达式唯一。

证明　因为 $\boldsymbol{\beta},\boldsymbol{\alpha}_1,\boldsymbol{\alpha}_2,\cdots,\boldsymbol{\alpha}_n$ 线性相关，所以存在一组不全为零的数 $k_1,k_2,\cdots,k_n$ 使得 $k\boldsymbol{\beta}+k_1\boldsymbol{\alpha}_1+k_2\boldsymbol{\alpha}_2+\cdots+k_n\boldsymbol{\alpha}_n=\mathbf{0}$，成立。

这里必有 $k\neq 0$，否则，若 $k=0$，上式成为

$$k_1\boldsymbol{\alpha}_1+k_2\boldsymbol{\alpha}_2+\cdots+k_n\boldsymbol{\alpha}_n=\mathbf{0}$$

且 $k_1,k_2,\cdots,k_n$ 不全为零，从而得出 $\boldsymbol{\alpha}_1,\boldsymbol{\alpha}_2,\cdots,\boldsymbol{\alpha}_n$ 线性相关，这与 $\boldsymbol{\alpha}_1,\boldsymbol{\alpha}_2,\cdots,\boldsymbol{\alpha}_n$ 线性无关矛盾。因此，$k\neq 0$，故

$$\boldsymbol{\beta}=-\frac{k_1}{k}\boldsymbol{\alpha}_1-\frac{k_2}{k}\boldsymbol{\alpha}_2-\cdots-\frac{k_n}{k}\boldsymbol{\alpha}_n$$

即 $\boldsymbol{\beta}$ 可由 $\boldsymbol{\alpha}_1,\boldsymbol{\alpha}_2,\cdots,\boldsymbol{\alpha}_n$ 线性表示。

下面证表示法唯一。

如果存在 $\boldsymbol{\beta}=h_1\boldsymbol{\alpha}_1+h_2\boldsymbol{\alpha}_2+\cdots+h_n\boldsymbol{\alpha}_n$，$\boldsymbol{\beta}=l_1\boldsymbol{\alpha}_1+l_2\boldsymbol{\alpha}_2+\cdots+l_n\boldsymbol{\alpha}_n$，则有

$$(h_1-l_1)\boldsymbol{\alpha}_1+(h_2-l_2)\boldsymbol{\alpha}_2+\cdots+(h_n-l_n)\boldsymbol{\alpha}_n=\mathbf{0}$$

成立。由 $\boldsymbol{\alpha}_1,\boldsymbol{\alpha}_2,\cdots,\boldsymbol{\alpha}_n$ 线性无关可知

$$h_1-l_1=0,\ h_2-l_2=0,\ \cdots,\ h_n-l_n=0$$

即

$$h_1=l_1,\ h_2=l_2,\ \cdots,\ h_n=l_n$$

所以表示法是唯一的。

定理 4.5　如果 n 维向量组 $\boldsymbol{\alpha}_1,\boldsymbol{\alpha}_2,\cdots,\boldsymbol{\alpha}_s$ 线性无关，则在每个向量上都添加 m 个分量，所得到的 $n+m$ 维向量组 $\boldsymbol{\alpha}^*_1,\boldsymbol{\alpha}^*_2,\cdots,\boldsymbol{\alpha}^*_s$ 也线性无关。

证明　用反证法。假设 $\boldsymbol{\alpha}^*_1,\boldsymbol{\alpha}^*_2,\cdots,\boldsymbol{\alpha}^*_s$ 线性相关，即存在不全为零的数 $k_1,k_2,\cdots,k_s$，使

$$k_1\boldsymbol{\alpha}^*_1+k_2\boldsymbol{\alpha}^*_2+,\cdots,+k_s\boldsymbol{\alpha}^*_s=0 \tag{*}$$

设 $\boldsymbol{\alpha}_j=[a_{1j},a_{2j},\cdots,a_{nj}]^{\mathrm{T}}$，$\boldsymbol{\alpha}_j^*=[a_{1j},a_{2j},\cdots,a_{nj},a_{n+1j},\cdots,a_{n+mj}]^{\mathrm{T}}$，$j=1,2,\cdots,s$，则式(*)可写成

$$\begin{cases}a_{11}k_1+a_{12}k_2+\cdots+a_{1s}k_s=0,\\ a_{21}k_1+a_{22}k_2+\cdots+a_{2s}k_s=0,\\ \qquad\cdots\\ a_{n1}k_1+a_{n2}k_2+\cdots+a_{ns}k_s=0,\\ \qquad\cdots\\ a_{n+m1}k_1+a_{n+m2}k_2+\cdots+a_{n+ms}k_s=0。\end{cases}$$

显然，前 n 个方程构成的方程组有非零解 $k_1,k_2,\cdots,k_s$，于是知 $\boldsymbol{\alpha}_1,\boldsymbol{\alpha}_2,\cdots,\boldsymbol{\alpha}_s$ 线性相关，这与已知矛盾，所以 $\boldsymbol{\alpha}^*_1,\boldsymbol{\alpha}^*_2,\cdots,\boldsymbol{\alpha}^*_s$ 线性无关。

推论 4.5　如果 n 维向量组 $\boldsymbol{\alpha}_1,\boldsymbol{\alpha}_2,\cdots,\boldsymbol{\alpha}_s$ 线性相关，则在每一个向量上都去掉 $m\,(m<n)$ 个分量，所得的 $n-m$ 维向量组 $\boldsymbol{\alpha}^*_1,\boldsymbol{\alpha}^*_2,\cdots,\boldsymbol{\alpha}^*_s$ 也线性相关。

4.3　极大无关组与向量组的秩

一个线性相关的向量组的部分组不一定是线性相关，它通常包含很多线性无关的部分向量组，我们总可以从中选取出一个含有向量个数最多的线性无关部分向量组(即有一部分向量组线性无关，而再添加原向量组中任一其他向量就线性相关)。具有这种性质的部分向量组对于以后的讨论是非常重要的，为此，给出如下定义。

定义 4.4　设有向量组 $\boldsymbol{\alpha}_1,\boldsymbol{\alpha}_2,\cdots,\boldsymbol{\alpha}_n$，如果它的一个部分向量 $\boldsymbol{\alpha}_{i1},\boldsymbol{\alpha}_{i2},\cdots,\boldsymbol{\alpha}_{ir}$，满足：

(1) $\boldsymbol{\alpha}_{i1},\boldsymbol{\alpha}_{i2},\cdots,\boldsymbol{\alpha}_{ir}$ 线性无关；

(2) 在向量组 $\boldsymbol{\alpha}_{i1},\boldsymbol{\alpha}_{i2},\cdots,\boldsymbol{\alpha}_{ir}$ 中再加入原向量组中任意其他一个向量(如果有的话)所形成的新的部分向量组都线性相关，则称部分组 $\boldsymbol{\alpha}_{i1},\boldsymbol{\alpha}_{i2},\cdots,\boldsymbol{\alpha}_{ir}$ 是向量组 $\boldsymbol{\alpha}_1,\boldsymbol{\alpha}_2,\cdots,\boldsymbol{\alpha}_n$ 的一个极大线性无关组，简称为极大无关组。

显然，一个线性无关向量组的极大无关组就是它本身。

由定理 4.4 可知，向量组中任一向量都可由该向量组的极大无关组线性表示，从而易知任一向量组与它的极大无关组等价，这就是极大无关组的一个基本性质。

例 4.9　已知 $\boldsymbol{\alpha}_1=[1,0,2,1]^{\mathrm{T}}$，$\boldsymbol{\alpha}_2=[1,2,0,1]^{\mathrm{T}}$，$\boldsymbol{\alpha}_3=[2,1,3,2]^{\mathrm{T}}$，$\boldsymbol{\alpha}_4=[2,5,-1,4]^{\mathrm{T}}$，求 $\boldsymbol{\alpha}_1,\boldsymbol{\alpha}_2,\boldsymbol{\alpha}_3,\boldsymbol{\alpha}_4$ 的极大线性无关组。

解　将向量组 $\boldsymbol{\alpha}_1,\boldsymbol{\alpha}_2,\boldsymbol{\alpha}_3,\boldsymbol{\alpha}_4$ 构成矩阵

$$[\boldsymbol{\alpha}_1\quad\boldsymbol{\alpha}_2\quad\boldsymbol{\alpha}_3\quad\boldsymbol{\alpha}_4]=\begin{bmatrix}1&1&2&2\\0&2&1&5\\2&0&3&-1\\1&1&2&4\end{bmatrix}\xrightarrow{\text{行变换}}\begin{bmatrix}1&1&2&2\\0&2&1&5\\0&0&0&2\\0&0&0&0\end{bmatrix}$$

因为 $R(\boldsymbol{\alpha}_1,\boldsymbol{\alpha}_2,\boldsymbol{\alpha}_4)=3$，所以 $\boldsymbol{\alpha}_1,\boldsymbol{\alpha}_2,\boldsymbol{\alpha}_4$ 线性无关；又因为 $R(\boldsymbol{\alpha}_1,\boldsymbol{\alpha}_2,\boldsymbol{\alpha}_3,\boldsymbol{\alpha}_4)=3$，所以 $\boldsymbol{\alpha}_1,\boldsymbol{\alpha}_2,\boldsymbol{\alpha}_3,\boldsymbol{\alpha}_4$ 线性相关，这表明 $\boldsymbol{\alpha}_1,\boldsymbol{\alpha}_2,\boldsymbol{\alpha}_4$ 是 $\boldsymbol{\alpha}_1,\boldsymbol{\alpha}_2,\boldsymbol{\alpha}_3,\boldsymbol{\alpha}_4$ 的一个极大线性无关组。

例 4.10　求向量组 $\boldsymbol{\alpha}_1=[1,2,1,2]^{\mathrm{T}}$，$\boldsymbol{\alpha}_2=[1,0,3,1]^{\mathrm{T}}$，$\boldsymbol{\alpha}_3=[2,-1,0,1]^{\mathrm{T}}$，$\boldsymbol{\alpha}_4=[2,1,-2,2]^{\mathrm{T}}$，$\boldsymbol{\alpha}_5=[2,2,4,3]^{\mathrm{T}}$ 的一个极大无关组，并把其余向量分别用极大无关组线性表示。

解

设 $$\boldsymbol{A}=[\boldsymbol{\alpha}_1,\boldsymbol{\alpha}_2,\boldsymbol{\alpha}_3,\boldsymbol{\alpha}_4,\boldsymbol{\alpha}_5]=\begin{bmatrix}1&1&2&2&2\\2&0&-1&1&2\\1&3&0&-2&4\\2&1&1&2&3\end{bmatrix}\to\begin{bmatrix}1&1&2&2&2\\0&-2&-5&-3&-2\\0&2&-2&-4&2\\0&-1&-3&-2&-1\end{bmatrix}$$

$$\to\begin{bmatrix}1&1&2&2&2\\0&-1&-3&-2&-1\\0&0&1&1&0\\0&0&-8&-8&0\end{bmatrix}\to\begin{bmatrix}1&1&2&2&2\\0&-1&-3&-2&-1\\0&0&1&1&0\\0&0&0&0&0\end{bmatrix}$$

可见，$\boldsymbol{\alpha}_1,\boldsymbol{\alpha}_2,\boldsymbol{\alpha}_3$ 为一极大无关组，事实上 $\boldsymbol{\alpha}_1,\boldsymbol{\alpha}_2,\boldsymbol{\alpha}_4$；$\boldsymbol{\alpha}_1,\boldsymbol{\alpha}_3,\boldsymbol{\alpha}_5$；$\boldsymbol{\alpha}_1,\boldsymbol{\alpha}_4,\boldsymbol{\alpha}_5$ 均为极大无关组。进一步有

$$\boldsymbol{A}\to\begin{bmatrix}1&1&0&0&2\\0&-1&0&1&-1\\0&0&1&1&0\\0&0&0&0&0\end{bmatrix}\to\begin{bmatrix}1&0&0&1&1\\0&1&0&-1&1\\0&0&1&1&0\\0&0&0&0&0\end{bmatrix}$$

所以有 $\boldsymbol{\alpha}_4=\boldsymbol{\alpha}_1-\boldsymbol{\alpha}_2+\boldsymbol{\alpha}_3$，$\boldsymbol{\alpha}_5=\boldsymbol{\alpha}_1+\boldsymbol{\alpha}_2+0\times\boldsymbol{\alpha}_3$。

由此可见，一个向量组的极大无关组不一定是唯一的。然而，各个极大无关组所含向量的个数却是唯一的，并且等于由向量组所构成的矩阵的秩。下面的定理就说明极大无关组的这个特性。

定义 4.5　有向量组 $A:\boldsymbol{\alpha}_1,\boldsymbol{\alpha}_2,\cdots,\boldsymbol{\alpha}_s$ 和向量组 $B:\boldsymbol{\beta}_1,\boldsymbol{\beta}_2,\cdots,\boldsymbol{\beta}_t$，如果向量组 A 的每个向量都可由向量组 B 线性表示，则称向量组 A 可由向量组 B 线性表示；除此之外，如果向量组 B 也可由向量组 A 线性表示，则称向量组 A 与向量组 B 等价，记作

$$\{\boldsymbol{\alpha}_1,\boldsymbol{\alpha}_2,\cdots,\boldsymbol{\alpha}_s\}\cong\{\boldsymbol{\beta}_1,\boldsymbol{\beta}_2,\cdots,\boldsymbol{\beta}_t\}$$

容易证明，等价向量组有如下性质。

(1) 反身性：任一向量组与它自身等价，即$\{\boldsymbol{\alpha}_1,\boldsymbol{\alpha}_2,\cdots,\boldsymbol{\alpha}_s\}\cong\{\boldsymbol{\alpha}_1,\boldsymbol{\alpha}_2,\cdots,\boldsymbol{\alpha}_s\}$。

(2) 对称性：若$\{\boldsymbol{\alpha}_1,\boldsymbol{\alpha}_2,\cdots,\boldsymbol{\alpha}_s\}\cong\{\boldsymbol{\beta}_1,\boldsymbol{\beta}_2,\cdots,\boldsymbol{\beta}_t\}$，则$\{\boldsymbol{\beta}_1,\boldsymbol{\beta}_2,\cdots,\boldsymbol{\beta}_t\}\cong\{\boldsymbol{\alpha}_1,\boldsymbol{\alpha}_2,\cdots,\boldsymbol{\alpha}_s\}$。

(3) 传递性：若$\{\boldsymbol{\alpha}_1,\boldsymbol{\alpha}_2,\cdots,\boldsymbol{\alpha}_s\}\cong\{\boldsymbol{\beta}_1,\boldsymbol{\beta}_2,\cdots,\boldsymbol{\beta}_t\}$，而$\{\boldsymbol{\beta}_1,\boldsymbol{\beta}_2,\cdots,\boldsymbol{\beta}_t\}\cong\{\boldsymbol{\gamma}_1,\boldsymbol{\gamma}_2,\cdots,\boldsymbol{\gamma}_m\}$，则$\{\boldsymbol{\alpha}_1,\boldsymbol{\alpha}_2,\cdots,\boldsymbol{\alpha}_s\}\cong\{\boldsymbol{\gamma}_1,\boldsymbol{\gamma}_2,\cdots,\boldsymbol{\gamma}_m\}$。

定理 4.6　如果向量组$\boldsymbol{\alpha}_1,\boldsymbol{\alpha}_2,\cdots,\boldsymbol{\alpha}_r$可由向量组$\boldsymbol{\beta}_1,\boldsymbol{\beta}_2,\cdots,\boldsymbol{\beta}_s$线性表示，且$r>s$，则向量组$\boldsymbol{\alpha}_1,\boldsymbol{\alpha}_2,\cdots,\boldsymbol{\alpha}_r$线性相关。

证明　为了证$\boldsymbol{\alpha}_1,\boldsymbol{\alpha}_2,\cdots,\boldsymbol{\alpha}_r$线性相关，就要找到一组不全为零的数$k_1,k_2,\cdots k_r$，使

$$k_1\boldsymbol{\alpha}_1+k_2\boldsymbol{\alpha}_2+\cdots+k_r\boldsymbol{\alpha}_r=0 \tag{4.10}$$

已知$\boldsymbol{\alpha}_1,\boldsymbol{\alpha}_2,\cdots,\boldsymbol{\alpha}_r$可由$\boldsymbol{\beta}_1,\boldsymbol{\beta}_2,\cdots,\boldsymbol{\beta}_s$线性表示，故可设

$$\left.\begin{aligned}\boldsymbol{\alpha}_1&=l_{11}\boldsymbol{\beta}_1+l_{12}\boldsymbol{\beta}_2+\cdots+l_{1s}\boldsymbol{\beta}_s\\ \boldsymbol{\alpha}_2&=l_{21}\boldsymbol{\beta}_1+l_{22}\boldsymbol{\beta}_2+\cdots+l_{2s}\boldsymbol{\beta}_s\\ &\ \ \vdots\\ \boldsymbol{\alpha}_r&=l_{r1}\boldsymbol{\beta}_1+l_{r2}\boldsymbol{\beta}_2+\cdots+l_{rs}\boldsymbol{\beta}_s\end{aligned}\right\} \tag{4.11}$$

将式(4.11)代入式(4.10)，得

$$k_1(l_{11}\boldsymbol{\beta}_1+l_{12}\boldsymbol{\beta}_2+\cdots+l_{1s}\boldsymbol{\beta}_s)+k_2(l_{21}\boldsymbol{\beta}_1+l_{22}\boldsymbol{\beta}_2+\cdots+l_{2s}\boldsymbol{\beta}_s)+\cdots+k_r(l_{r1}\boldsymbol{\beta}_1+l_{r2}\boldsymbol{\beta}_2+\cdots+l_{rs}\boldsymbol{\beta}_s)=0$$

$$(k_1l_{11}+k_2l_{21}+\cdots+k_rl_{r1})\boldsymbol{\beta}_1+(k_1l_{21}+k_2l_{22}+\cdots+k_rl_{r2})\boldsymbol{\beta}_2+\cdots+(k_1l_{1s}+k_rl_{2s}+\cdots+k_rl_{rs})\boldsymbol{\beta}_s=0 \tag{4.12}$$

显然，当$\boldsymbol{\beta}_i$的系数全为零时，式(4.12)成立，即

$$\left.\begin{aligned}k_1l_{11}+k_2l_{21}+\cdots+k_rl_{r1}&=0\\ k_1l_{12}+k_2l_{22}+\cdots+k_rl_{r2}&=0\\ &\ \ \vdots\\ k_1l_{1s}+k_2l_{2s}+\cdots+k_rl_{rs}&=0\end{aligned}\right\} \tag{4.13}$$

时，式(4.12)恒成立。方程组(4.13)是含有r个未知量$k_1,k_2,\cdots k_r$的s个方程的齐次线性方程组，已知$r>s$，所以方程组(4.13)一定有非零解，因此存在一组非零解$k_1,k_2,\cdots k_r$，使得

$$k_1\boldsymbol{\alpha}_1+k_2\boldsymbol{\alpha}_2+\cdots+k_r\boldsymbol{\alpha}_r=0$$

成立，所以$\boldsymbol{\alpha}_1,\boldsymbol{\alpha}_2,\cdots,\boldsymbol{\alpha}_r$线性相关。

推论 4.6　如果向量组$\boldsymbol{\alpha}_1,\boldsymbol{\alpha}_2,\cdots,\boldsymbol{\alpha}_r$线性无关且可由向量组$\boldsymbol{\beta}_1,\boldsymbol{\beta}_2,\cdots,\boldsymbol{\beta}_s$线性表示，则$r\leqslant s$。

推论 4.7　两个等价的线性无关的向量组所含向量的个数相同。

证明　设$\boldsymbol{\alpha}_1,\boldsymbol{\alpha}_2,\cdots,\boldsymbol{\alpha}_r$与$\boldsymbol{\beta}_1,\boldsymbol{\beta}_2,\cdots,\boldsymbol{\beta}_s$满足命题的条件，则$\boldsymbol{\alpha}_1,\boldsymbol{\alpha}_2,\cdots,\boldsymbol{\alpha}_r$线性无关且可由$\boldsymbol{\beta}_1,\boldsymbol{\beta}_2,\cdots,\boldsymbol{\beta}_s$线性表示，由推论 4.6 知$r\leqslant s$。同理$\boldsymbol{\beta}_1,\boldsymbol{\beta}_2,\cdots,\boldsymbol{\beta}_s$线性无关可由$\boldsymbol{\alpha}_1,\boldsymbol{\alpha}_2,\cdots,\boldsymbol{\alpha}_r$线性表示，则$s\leqslant r$，于是$s=r$。

极大线性无关组有如下列定理。

定理 4.7　向量组$\boldsymbol{\alpha}_1,\boldsymbol{\alpha}_2,\cdots,\boldsymbol{\alpha}_n$与它的极大无关组$\boldsymbol{\alpha}_{i1},\boldsymbol{\alpha}_{i2},\cdots,\boldsymbol{\alpha}_{ir}$等价。

证明　由极大无关组的定义知任一向量组$\boldsymbol{\alpha}_1,\boldsymbol{\alpha}_2,\cdots,\boldsymbol{\alpha}_n$可由它的极大无关组$\boldsymbol{\alpha}_{i1},\boldsymbol{\alpha}_{i2},\cdots,\boldsymbol{\alpha}_{ir}$线性表示，又因为极大无关组$\boldsymbol{\alpha}_{i1},\boldsymbol{\alpha}_{i2},\cdots,\boldsymbol{\alpha}_{ir}$的每一个向量都在向量组$\boldsymbol{\alpha}_1,\boldsymbol{\alpha}_2,\cdots,\boldsymbol{\alpha}_n$中，所以极大无关组$\boldsymbol{\alpha}_{i1},\boldsymbol{\alpha}_{i2},\cdots,\boldsymbol{\alpha}_{ir}$可由$\boldsymbol{\alpha}_1,\boldsymbol{\alpha}_2,\cdots,\boldsymbol{\alpha}_n$线性表示，故向量组$\boldsymbol{\alpha}_1,\boldsymbol{\alpha}_2,\cdots,\boldsymbol{\alpha}_n$与它的极大无关组等价。

推论 4.8　向量组的任意两个极大无关组等价。

由等价的传递性直接可得此结论。

定理 4.8　向量组的任意两个极大无关组所含向量的个数相同。

证明　设向量组 $\boldsymbol{\alpha}_1,\boldsymbol{\alpha}_2,\cdots,\boldsymbol{\alpha}_n$ 的两个极大无关组为 $\boldsymbol{\alpha}_{i1},\boldsymbol{\alpha}_{i2},\cdots,\boldsymbol{\alpha}_{ir}$ 和 $\boldsymbol{\alpha}_{j1},\boldsymbol{\alpha}_{j2},\cdots,\boldsymbol{\alpha}_{jt}$，由推论 4.6 知两向量组等价，再由推论 4.7 立即得到 $r=t$。

由于一个向量组的所有极大无关组含有相同个数的向量，这说明极大无关组所含向量的个数反映了向量组本身的性质。因此，我们引进如下概念。

定义 4.6　向量组 $\boldsymbol{\alpha}_1,\boldsymbol{\alpha}_2,\cdots,\boldsymbol{\alpha}_n$ 的极大无关组所含向量的个数，称为该向量组的秩，记作 $R(\boldsymbol{\alpha}_1,\boldsymbol{\alpha}_2,\cdots,\boldsymbol{\alpha}_m)$。

规定零向量组成的向量组的秩为零。

由推论 4.6 和推论 4.7，可直接得出以下定理。

定理 4.9　如果向量组 B 能由向量组 A 线性表示，那么向量组 B 的秩不大于向量组 A 的秩。

定理 4.10

(1) 相互等价的向量组的秩相等。

(2) 若向量组 $R(\boldsymbol{\alpha}_1,\boldsymbol{\alpha}_2,\cdots,\boldsymbol{\alpha}_s)=r$，则向量组中任意 $r+1$ 个向量必线性相关。

(3) 秩为 r 的向量组中任意 r 个线性无关的向量均可作为该向量组的一个极大线性无关组。

定理 4.11　矩阵的秩与矩阵各列(行)向量构成向量组的秩相等。

证明　设有矩阵

$$\boldsymbol{A}=\begin{bmatrix} a_{11} & a_{12} & \cdots & a_{1n} \\ a_{21} & a_{22} & \cdots & a_{2n} \\ \vdots & \vdots & & \vdots \\ a_{m1} & a_{m2} & \cdots & a_{mn} \end{bmatrix}$$

$R(\boldsymbol{A}) = r$，并设 r 阶子式 $D_r\neq 0$。据定理 4.2 可知，D_r 所在的 r 个列向量线性无关。又由于 A 中所有的 $r+1$ 阶子式都为 0，再由定理 4.2 知，A 中的任意 $r+1$ 个列向量都线性相关。因此，D_r 所在的 r 列是 A 的列向量组的一个最大无关组，于是得 $R(\boldsymbol{A})=r$。所以矩阵 $\boldsymbol{A}$ 的秩等于 $\boldsymbol{A}$ 的各列构成向量组的秩。

由于 $R(\boldsymbol{A})=R(\boldsymbol{A}^{\mathrm{T}})$，$\boldsymbol{A}$ 的各行向量就是 $\boldsymbol{A}^{\mathrm{T}}$ 的各列向量，于是矩阵 $\boldsymbol{A}$ 的秩也等于 $\boldsymbol{A}$ 的各行构成向量组的秩。

例 4.11　设有向量组 $\boldsymbol{\alpha}_1=[1,3,2,0]^{\mathrm{T}}$，$\boldsymbol{\alpha}_2=[7,0,14,3]^{\mathrm{T}}$，$\boldsymbol{\alpha}_3=[2,-1,0,1]^{\mathrm{T}}$，$\boldsymbol{\alpha}_4=[5,1,6,2]^{\mathrm{T}}$，$\boldsymbol{\alpha}_5=[2,-1,4,1]^{\mathrm{T}}$。

(1) 求向量组的秩。

(2) 求此向量组的一个极大无关组，并把其余向量分别用该极大无关组线性表示。

解　设 $\boldsymbol{A}=[\boldsymbol{\alpha}_1,\boldsymbol{\alpha}_2,\boldsymbol{\alpha}_3,\boldsymbol{\alpha}_4,\boldsymbol{\alpha}_5]$，对其做初等行变换(注意只做行变换)

$$\boldsymbol{A}=[\boldsymbol{\alpha}_1,\boldsymbol{\alpha}_2,\boldsymbol{\alpha}_3,\boldsymbol{\alpha}_4,\boldsymbol{\alpha}_5]=\begin{bmatrix} 1 & 7 & 2 & 5 & 2 \\ 3 & 0 & -1 & 1 & -1 \\ 2 & 14 & 0 & 6 & 4 \\ 0 & 3 & 1 & 2 & 1 \end{bmatrix}\rightarrow\begin{bmatrix} 1 & 7 & 2 & 5 & 2 \\ 0 & -21 & -7 & -14 & -7 \\ 0 & 0 & -4 & -4 & 0 \\ 0 & 3 & 1 & 2 & 1 \end{bmatrix}$$

$$\to\begin{bmatrix}1&7&2&5&2\\0&3&1&2&1\\0&0&1&1&0\\0&0&0&0&0\end{bmatrix}$$

显然，$\boldsymbol{A}$ 的秩为 3，即向量组 $\boldsymbol{\alpha}_1,\boldsymbol{\alpha}_2,\boldsymbol{\alpha}_3,\boldsymbol{\alpha}_4,\boldsymbol{\alpha}_5$ 的秩为 3。

在每一阶梯中选一对应向量，比如 $\boldsymbol{\alpha}_1,\boldsymbol{\alpha}_2,\boldsymbol{\alpha}_3$ (不唯一，$\boldsymbol{\alpha}_1,\boldsymbol{\alpha}_2,\boldsymbol{\alpha}_4$ 等均可)即为向量组 $\boldsymbol{\alpha}_1,\boldsymbol{\alpha}_2,\boldsymbol{\alpha}_3,\boldsymbol{\alpha}_4,\boldsymbol{\alpha}_5$ 的极大线性无关组。

进一步把 $\boldsymbol{A}$ 化为标准形

$$\boldsymbol{A}\to\begin{bmatrix}1&7&2&5&2\\0&3&1&2&1\\0&0&1&1&0\\0&0&0&0&0\end{bmatrix}\to\begin{bmatrix}1&7&0&3&2\\0&3&0&1&1\\0&0&1&1&0\\0&0&0&0&0\end{bmatrix}\to\begin{bmatrix}1&0&0&-\dfrac{2}{3}&-\dfrac{1}{3}\\0&1&0&\dfrac{1}{3}&\dfrac{1}{3}\\0&0&1&1&0\\0&0&0&0&0\end{bmatrix}$$

可见，有

$$\boldsymbol{\alpha}_4=-\frac{2}{3}\boldsymbol{\alpha}_1+\frac{1}{3}\boldsymbol{\alpha}_2+1\times\boldsymbol{\alpha}_3$$

$$\boldsymbol{\alpha}_5=-\frac{1}{3}\boldsymbol{\alpha}_1+\frac{1}{3}\boldsymbol{\alpha}_2+0\times\boldsymbol{\alpha}_3$$

注　(1) 在把 $\boldsymbol{A}$ 化为阶梯形过程中，第 2、5 列是属于同一阶梯的，不能认为第 3、4、5 列属于同一阶梯。

$$\boldsymbol{A}\to\cdots\to\begin{bmatrix}1&7&2&5&2\\0&3&1&2&1\\0&0&1&1&0\\0&0&0&0&0\end{bmatrix}$$

如认为第 3、4、5 列属于同一阶梯，将会得出 $\boldsymbol{\alpha}_1,\boldsymbol{\alpha}_2,\boldsymbol{\alpha}_5$ 也为极大线性无关组的错误结论。事实上，$\boldsymbol{\alpha}_1,\boldsymbol{\alpha}_2,\boldsymbol{\alpha}_5$ 线性相关。这里关键是阶梯线上的分量不能为零，为了避免类似的错误，也可以考虑交换两列(仅限于交换列)，但应注意在矩阵上方标示的 $\boldsymbol{\alpha}_5$ 与 $\boldsymbol{\alpha}_3$ 也必须同时交换，这时，有

$$\begin{array}{c}\boldsymbol{\alpha}_1,\boldsymbol{\alpha}_2,\boldsymbol{\alpha}_5,\boldsymbol{\alpha}_4,\boldsymbol{\alpha}_3\\ \boldsymbol{A}\to\cdots\to\begin{bmatrix}1&7&2&5&2\\0&3&1&2&1\\0&0&0&1&1\\0&0&0&0&0\end{bmatrix}\end{array}$$

再在每一阶梯中选一代表构成极大无关组，就不会出现错误。

(2)　本题最后得到 $\boldsymbol{\alpha}_4,\boldsymbol{\alpha}_5$ 可用 $\boldsymbol{\alpha}_1,\boldsymbol{\alpha}_2,\boldsymbol{\alpha}_3$ 线性表示的关系式，其依据是：初等行变换不改变列向量之间的线性关系。

4.4　线性方程组解的结构

这一节我们应用向量线性相关性理论来研究线性方程组解的结构。

若 $x_1 = c_1$, $x_2 = c_2$, …, $x_n = c_n$ 是 n 维齐次线性方程组 $\boldsymbol{Ax} = \boldsymbol{0}$ 的解，记

$$\boldsymbol{\xi} = \begin{bmatrix} c_1 \\ c_2 \\ \vdots \\ c_n \end{bmatrix}$$

为方程组 $\boldsymbol{Ax} = \boldsymbol{0}$ 的解向量。

齐次方程组的解的性质如下。

性质 1.1　若 $\boldsymbol{\xi}_1, \boldsymbol{\xi}_2$ 是 $\boldsymbol{Ax} = \boldsymbol{0}$ 的两个解，则 $\boldsymbol{\xi}_1 + \boldsymbol{\xi}_2$ 也是 $\boldsymbol{Ax} = \boldsymbol{0}$ 的解。

性质 1.2　若 $\boldsymbol{\xi}$ 是 $\boldsymbol{Ax} = \boldsymbol{0}$ 的解，k 为任意实数，则 $k\boldsymbol{\xi}$ 也是 $\boldsymbol{Ax} = \boldsymbol{0}$ 的解。

当齐次线性方程组有非零解时，它必有无限多个解向量。考虑无限多个解向量是否可由有限个解向量线性表示。为此引出齐次线性方程组基础解系的概念。

定义 4.7　设 $\boldsymbol{\xi}_1, \boldsymbol{\xi}_2, \cdots, \boldsymbol{\xi}_t$ 是齐次线性方程组 $\boldsymbol{Ax} = \boldsymbol{0}$ 的一组解向量，若它满足条件：

(1) $\boldsymbol{\xi}_1, \boldsymbol{\xi}_2, \cdots, \boldsymbol{\xi}_t$ 线性无关；

(2) 齐次线性方程组的任一解向量都可由 $\boldsymbol{\xi}_1, \boldsymbol{\xi}_2, \cdots, \boldsymbol{\xi}_t$ 的线性表示。

则称 $\boldsymbol{\xi}_1, \boldsymbol{\xi}_2, \cdots, \boldsymbol{\xi}_t$ 为齐次线性方程组 $\boldsymbol{Ax} = \boldsymbol{0}$ 的一个**基础解系**。

由极大无关组的定义可得知：齐次线性方程组基础解系即为全体解向量集合的极大无关组。向量组的极大无关组的不唯一性，决定了齐次线性方程组基础解系也不具有唯一性。

如果 $\boldsymbol{\xi}_1, \boldsymbol{\xi}_2, \cdots, \boldsymbol{\xi}_t$ 是齐次方程组 $\boldsymbol{Ax} = \boldsymbol{0}$ 的一个基础解系，那么 $\boldsymbol{Ax} = \boldsymbol{0}$ 所有解 $\boldsymbol{\xi}$ 都可由 $\boldsymbol{\xi}_1, \boldsymbol{\xi}_2, \cdots, \boldsymbol{\xi}_t$ 线性表示，即

$$\boldsymbol{\xi} = k_1\boldsymbol{\xi}_1 + k_2\boldsymbol{\xi}_2 + \cdots + k_s\boldsymbol{\xi}_s \tag{4.14}$$

式中 $k_1, k_2, \cdots, k_s$ 为任意实数，我们称式(4.14)为齐次方程组 $\boldsymbol{Ax} = \boldsymbol{0}$ 的通解。

定理 4.12　n 元齐次线性方程组 $\boldsymbol{Ax} = \boldsymbol{0}$ 有非零解时，一定有基础解系，且基础解系含有 $n - r$ 个解，其中 n 是未知量的个数，$R(\boldsymbol{A}) = r$。

证明　设 $R(\boldsymbol{A}) = r$，用初等行变换化系数矩阵 $\boldsymbol{A}$ 为行最简形矩阵，不妨令

$$\boldsymbol{A}_1 = \begin{bmatrix} 1 & 0 & \cdots & 0 & b_{1,r+1} & \cdots & b_{1n} \\ 0 & 1 & \cdots & 0 & b_{2,r+1} & \cdots & b_{2n} \\ \vdots & \vdots & & \vdots & \vdots & & \vdots \\ 0 & 0 & \cdots & 1 & b_{r,r+1} & \cdots & b_{rn} \\ 0 & 0 & \cdots & 0 & 0 & \cdots & 0 \\ \vdots & \vdots & & \vdots & \vdots & & \vdots \\ 0 & 0 & \cdots & 0 & 0 & \cdots & 0 \end{bmatrix}$$

于是得到与 $\boldsymbol{Ax} = \boldsymbol{0}$ 同解的方程组：

$$\left.\begin{aligned}x_1&=-b_{1,r+1}x_{r+1}-b_{1,r+2}x_{r+2}-\cdots-b_{1n}x_n\\x_2&=-b_{2,r+1}x_{r+1}-b_{2,r+2}x_{r+2}-\cdots-b_{2n}x_n\\&\vdots\\x_r&=-b_{r,r+1}x_{r+1}-b_{r,r+2}x_{r+2}-\cdots-b_{rn}x_n\end{aligned}\right\}\tag{4.15}$$

对自由未知量 $x_{r+1}, x_{r+2},\cdots, x_n$ 分别取值

$$\begin{bmatrix}x_{r+1}\\x_{r+2}\\\vdots\\x_n\end{bmatrix}=\begin{bmatrix}1\\0\\\vdots\\0\end{bmatrix},\begin{bmatrix}0\\1\\\vdots\\0\end{bmatrix},\cdots,\begin{bmatrix}0\\0\\\vdots\\1\end{bmatrix}$$

代入式(4.15)的右端依次可得：

$$\begin{bmatrix}x_1\\x_2\\\vdots\\x_r\end{bmatrix}=\begin{bmatrix}-b_{1,r+1}\\-b_{2,r+1}\\\vdots\\-b_{r,r+1}\end{bmatrix},\begin{bmatrix}-b_{1,r+2}\\-b_{2,r+2}\\\vdots\\-b_{r,r+2}\end{bmatrix},\cdots,\begin{bmatrix}-b_{1n}\\-b_{2n}\\\vdots\\-b_{rn}\end{bmatrix}$$

于是得到式(4.15)的 $n-r$ 个解:

$$\begin{bmatrix}x_1\\x_2\\\vdots\\x_r\\x_{r+1}\\x_{r+2}\\\vdots\\x_n\end{bmatrix}=\begin{bmatrix}-b_{1,r+1}\\-b_{2,r+1}\\\vdots\\-b_{r,r+1}\\1\\0\\\vdots\\0\end{bmatrix},\begin{bmatrix}-b_{1,r+2}\\-b_{2,r+2}\\\vdots\\-b_{r,r+2}\\0\\1\\\vdots\\0\end{bmatrix},\cdots,\begin{bmatrix}-b_{1n}\\-b_{2n}\\\vdots\\-b_{rn}\\0\\0\\\vdots\\1\end{bmatrix}$$

下面证明解向量组

$$\boldsymbol{\xi}_1=\begin{bmatrix}-b_{1,r+1}\\-b_{2,r+1}\\\vdots\\-b_{r,r+1}\\1\\0\\\vdots\\0\end{bmatrix},\boldsymbol{\xi}_2=\begin{bmatrix}-b_{1,r+2}\\-b_{2,r+2}\\\vdots\\-b_{r,r+2}\\0\\1\\\vdots\\0\end{bmatrix},\cdots,\boldsymbol{\xi}_{n-r}=\begin{bmatrix}-b_{1n}\\-b_{2n}\\\vdots\\-b_{rn}\\0\\0\\\vdots\\1\end{bmatrix}$$

是 $\boldsymbol{A}_1\boldsymbol{x}=0$ 的一个基础解系，从而它们也是 $\boldsymbol{Ax}=\boldsymbol{0}$ 的一个基础解系。

首先，据定理 4.5 可知，$\boldsymbol{\xi}_1,\boldsymbol{\xi}_2,\cdots,\boldsymbol{\xi}_t$ 是一组线性无关的解，下面证明方程组(4.15)的任意解都可由 $\boldsymbol{\xi}_1,\boldsymbol{\xi}_2,\cdots,\boldsymbol{\xi}_{n-r}$ 线性表示。

设

$$\boldsymbol{\xi}=\begin{bmatrix}\lambda_1\\ \vdots\\ \lambda_r\\ \lambda_{r+1}\\ \vdots\\ \lambda_n\end{bmatrix}$$

是方程组(4.15)的一个解。根据齐次方程组解的性质可知，向量

$$\boldsymbol{\eta}=\lambda_{r+1}\boldsymbol{\xi}_1+\lambda_{r+2}\boldsymbol{\xi}_2+\cdots+\lambda_n\boldsymbol{\xi}_{n-r}$$

也是方程组(4.15)的一个解，由于$\boldsymbol{\eta}$与$\boldsymbol{\xi}$的后面的$n-r$个分量对应相等，因此

$$\boldsymbol{\xi}=\boldsymbol{\eta}=\lambda_{r+1}\boldsymbol{\xi}_1+\lambda_{r+2}\boldsymbol{\xi}_2+\cdots+\lambda_n\xi_{n-r}$$

这就证明了，$\boldsymbol{\xi}_1,\boldsymbol{\xi}_2,\cdots,\boldsymbol{\xi}_{n-r}$ 是 $\boldsymbol{A}_1\boldsymbol{x}=0$ 的一个基础解系，从而也是齐次方程组 $\boldsymbol{A}\boldsymbol{x}=0$ 的一个基础解系，所以 $\boldsymbol{A}\boldsymbol{x}=0$ 的基础解系含 $n-r$ 个解。

例 4.12　求齐次线性方程组$\begin{cases}2x_1-3x_2-2x_3+\ \ x_4=0\\ 3x_1+5x_2+4x_3-2x_4=0\\ 8x_1+7x_2+6x_3-3x_4=0\end{cases}$的基础解系。

解　对系数矩阵进行初等行变换，有

$$\boldsymbol{A}=\begin{bmatrix}2&-3&-2&1\\3&5&4&-2\\8&7&6&-3\end{bmatrix}\xrightarrow{r}\begin{bmatrix}1&0&2/19&-1/19\\0&1&14/19&-7/19\\0&0&0&0\end{bmatrix}$$

于是得

$$\begin{cases}x_1=-\dfrac{2}{19}x_3+\dfrac{1}{19}x_4\\[2mm] x_2=-\dfrac{14}{19}x_3+\dfrac{7}{19}x_4\end{cases}$$

取$[x_3,x_4]^{\mathrm{T}}=[19,0]^{\mathrm{T}}$，得$[x_1,x_2]^{\mathrm{T}}=[-2,-14]^{\mathrm{T}}$。

取$[x_3,x_4]^{\mathrm{T}}=[0,19]^{\mathrm{T}}$，得$[x_1,x_2]^{\mathrm{T}}=[1,7]^{\mathrm{T}}$。

因此方程组的基础解系为$\boldsymbol{\xi}_1=[-2,-14,19,0]^{\mathrm{T}},\boldsymbol{\xi}_2=[1,7,0,19]^{\mathrm{T}}$。

例 4.13　求一个齐次线性方程组，使它的基础解系为$\boldsymbol{\xi}_1=[0,1,2,3]^{\mathrm{T}},\boldsymbol{\xi}_2=[3,2,1,0]^{\mathrm{T}}$。

解　显然原方程组的通解为

$$\begin{bmatrix}x_1\\x_2\\x_3\\x_4\end{bmatrix}=k_1\begin{bmatrix}0\\1\\2\\3\end{bmatrix}+k_2\begin{bmatrix}3\\2\\1\\0\end{bmatrix},\ 即\begin{cases}x_1=3k_2\\x_2=k_1+2k_2\\x_3=2k_1+k_2\\x_4=3k_1\end{cases}\ (k_1,k_2\in\mathbf{R})$$

消去k_1,k_2得

$$\begin{cases}2x_1-3x_2+x_4=0\\x_1-3x_3+2x_4=0\end{cases}$$

此即所求的齐次线性方程组。

例 4.14　设$\boldsymbol{\xi}_1,\boldsymbol{\xi}_2$是$\boldsymbol{Ax}=\boldsymbol{0}$的一个基础解系，证明$\boldsymbol{\xi}_1+\boldsymbol{\xi}_2$，$k\boldsymbol{\xi}_2$ 也是这个方程组的一个基础解系，其中数$k\neq 0$。

证明　根据齐次方程组解的性质可知，$\boldsymbol{\xi}_1+\boldsymbol{\xi}_2$，$k\boldsymbol{\xi}_2$ 也是这个方程组的两个解。因为$\boldsymbol{\xi}_1,\boldsymbol{\xi}_2$是基础解系，所以向量组$\boldsymbol{\xi}_1,\boldsymbol{\xi}_2$线性无关，因此向量组$\boldsymbol{\xi}_1+\boldsymbol{\xi}_2$，$k\boldsymbol{\xi}_2$ $(k\neq 0)$也线性无关，于是$\boldsymbol{\xi}_1+\boldsymbol{\xi}_2,k\boldsymbol{\xi}_2$是此齐次方程组的两个线性无关的解。

因为$\boldsymbol{Ax}=\boldsymbol{0}$的基础解系含有两个解，因此它的两个线性无关的解$\boldsymbol{\xi}_1+\boldsymbol{\xi}_2$，$k\boldsymbol{\xi}_2$ 也是基础解系。

下面我们来研究非齐次线性方程组解的结构问题。

设　$$\boldsymbol{A}=\begin{bmatrix} a_{11} & a_{12} & \cdots & a_{1m} \\ a_{21} & a_{22} & \cdots & a_{2m} \\ \vdots & \vdots & & \vdots \\ a_{n1} & a_{n2} & \cdots & a_{nm} \end{bmatrix},\quad \boldsymbol{b}=\begin{bmatrix} b_1 \\ b_2 \\ \vdots \\ b_m \end{bmatrix}$$

则非齐次线性方程组

$$\begin{cases} a_{11}x_1+a_{12}x_2+\cdots+a_{1n}x_n=b_1 \\ a_{21}x_1+a_{22}x_2+\cdots+a_{2n}x_n=b_2 \\ \qquad\qquad\vdots \\ a_{m1}x_1+a_{m2}x_2+\cdots+a_{mn}x_n=b_m \end{cases}$$

可简写为$\boldsymbol{Ax}=\boldsymbol{b}$，它的解也记为向量。

非齐次线性方程组的解具有以下性质。

性质 4.3　设$\boldsymbol{\eta}_1,\boldsymbol{\eta}_2$都是$\boldsymbol{Ax}=\boldsymbol{b}$的解，则$\boldsymbol{\eta}_1-\boldsymbol{\eta}_2$ 是对应的齐次方程组$\boldsymbol{Ax}=\boldsymbol{0}$的解。

性质 4.4　设$\boldsymbol{\eta}$是$\boldsymbol{Ax}=\boldsymbol{b}$的解，$\boldsymbol{\xi}$ 是$\boldsymbol{Ax}=\boldsymbol{0}$的解，则$\boldsymbol{\eta}+\boldsymbol{\xi}$也是$\boldsymbol{Ax}=\boldsymbol{b}$的解。

若$\boldsymbol{\eta}^*$是$\boldsymbol{Ax}=\boldsymbol{b}$的一个解，$\boldsymbol{\xi}$ 是$\boldsymbol{Ax}=\boldsymbol{0}$的某个解，则$\boldsymbol{Ax}=\boldsymbol{b}$的任意一个解都可以表示为$\boldsymbol{\eta}=\boldsymbol{\eta}^*+\boldsymbol{\xi}$，由此及性质 4.4 可知，非齐次线性方程组$\boldsymbol{Ax}=\boldsymbol{b}$的通解为

$$\boldsymbol{\eta}^*+k_1\boldsymbol{\xi}_1+k_2\boldsymbol{\xi}_2+\cdots+k_{n-r}\boldsymbol{\xi}_{n-r}$$

其中$\boldsymbol{\xi}_1,\boldsymbol{\xi}_2,\cdots,\boldsymbol{\xi}_{n-r}$是$\boldsymbol{Ax}=\boldsymbol{b}$的一个基础解系，$k_1,k_2,\cdots,k_{n-r}$是任意实数。

例 4.15　求非齐次方程组

$$\begin{cases} x_1+\ x_2=5 \\ 2x_1+\ x_2+\ x_3+2x_4=1 \\ 5x_1+3x_2+2x_3+2x_4=3 \end{cases}$$

的一个解及对应的齐次线性方程组的基础解系。

解　对增广矩阵进行初等行变换，有

$$\boldsymbol{B}=\begin{bmatrix} 1 & 1 & 0 & 0 & 5 \\ 2 & 1 & 1 & 2 & 1 \\ 5 & 3 & 2 & 2 & 3 \end{bmatrix}\xrightarrow{r}\begin{bmatrix} 1 & 0 & 1 & 0 & -8 \\ 0 & 1 & -1 & 0 & 13 \\ 0 & 0 & 0 & 1 & 2 \end{bmatrix}$$

与所给方程组同解的方程为

$$\begin{cases} x_1=-x_3-8 \\ x_2=\ x_3+13 \\ x_4=\qquad 2 \end{cases}$$

当 $x_3=0$ 时，得所给方程组的一个解 $\boldsymbol{\eta}=[-8,13,0,2]^{\mathrm{T}}$。

与对应的齐次方程组同解的方程为

$$\begin{cases} x_1=-x_3 \\ x_2=\ \ x_3 \\ x_4=0 \end{cases}$$

当 $x_3=1$ 时，得对应的齐次方程组的基础解系 $\boldsymbol{\xi}=[-1,1,1,0]^{\mathrm{T}}$。

例 4.16　求解方程组 $\begin{cases} x_1+2x_2-x_3+3x_4=2 \\ 2x_1+4x_2-2x_3+5x_4=1 \\ -x_1-2x_2+x_3-x_4=4 \end{cases}$

解　用初等行变换把增广矩阵 B 变换为行最简形

$$\boldsymbol{B}=\begin{bmatrix} 1 & 2 & -1 & 3 & 2 \\ 2 & 4 & -2 & 5 & 1 \\ -1 & -2 & 1 & -1 & 4 \end{bmatrix} \xrightarrow[r_3+r_1]{r_2-2r_1} \begin{bmatrix} 1 & 2 & -1 & 3 & 2 \\ 0 & 0 & 0 & -1 & -3 \\ 0 & 0 & 0 & 2 & 6 \end{bmatrix} \xrightarrow[(-1)r_2]{\substack{r_3+2r_2 \\ r_1+3r_2}} \begin{bmatrix} 1 & 2 & -1 & 0 & -7 \\ 0 & 0 & 0 & 1 & 3 \\ 0 & 0 & 0 & 0 & 0 \end{bmatrix}$$

可知 $R(\boldsymbol{B})=R(\boldsymbol{A})=2$，所以方程组有解，并得同解方程组 $\begin{cases} x_1=-7-2x_2+x_3 \\ x_4=3 \end{cases}$，取 $x_2=0$, $x_3=0$，即得方程组的一个解

$$\boldsymbol{\eta}^*=\begin{bmatrix} -7 \\ 0 \\ 0 \\ 3 \end{bmatrix}$$

对应的齐次方程组为 $\begin{cases} x_1=-2x_2+x_3 \\ x_4=0 \end{cases}$，可得基础解系

$$\boldsymbol{\xi}_1=\begin{bmatrix} -2 \\ 1 \\ 0 \\ 0 \end{bmatrix},\ \boldsymbol{\xi}_2=\begin{bmatrix} 1 \\ 0 \\ 1 \\ 0 \end{bmatrix}$$

方程组的通解为 $\boldsymbol{\eta}^*+c_1\boldsymbol{\xi}_1+c_2\boldsymbol{\xi}_2$。

例 4.17　设四元非齐次线性方程组的系数矩阵的秩为 3，已知 $\boldsymbol{\eta}_1,\boldsymbol{\eta}_2,\boldsymbol{\eta}_3$ 是它的三个解向量，且

$$\boldsymbol{\eta}_1=[2,3,4,5]^{\mathrm{T}},\boldsymbol{\eta}_2+\boldsymbol{\eta}_3=[1,2,3,4]^{\mathrm{T}}$$

求该方程组的通解。

解　由于方程组中未知数的个数是 4，系数矩阵的秩为 3，所以对应的齐次线性方程组的基础解系含有一个向量，且由于 η_1,η_2,η_3 均为方程组的解，由非齐次线性方程组解的结构性质得

$$2\boldsymbol{\eta}_1-(\boldsymbol{\eta}_2+\boldsymbol{\eta}_3)=(\boldsymbol{\eta}_1-\boldsymbol{\eta}_2)+(\boldsymbol{\eta}_1-\boldsymbol{\eta}_3)=[3,4,5,6]^{\mathrm{T}}$$

为其基础解系向量，故此方程组的通解

$$\boldsymbol{x}=k[3,4,5,6]^{\mathrm{T}}+[2,3,4,5]^{\mathrm{T}}\ (k\in\mathbf{R})$$

4.5　向量空间

在解析几何里，我们已经见过平面或空间的向量，并知两个向量可以相加，也可以用一个实数去乘一个向量。这种向量的加法以及数与向量的乘法满足一定的运算规律。而向量空间正是解析几何里向量概念的一般化。

定义 4.8　设V是一个非空集合，P是一个数域。如果在集合V中定义了两种运算：对于其中每两个元素α与β定义了它们的和$\alpha+\beta$也是V中的元素，对于任何元素$\alpha\in V$与数$k\in P$，定义了乘积$k\alpha$，也是集合V中的元素。并且这些运算满足如下公理：

(1) $\boldsymbol{\alpha}+\boldsymbol{\beta}=\boldsymbol{\beta}+\boldsymbol{\alpha}$；

(2) $(\boldsymbol{\alpha}+\boldsymbol{\beta})+\boldsymbol{\gamma}=\boldsymbol{\alpha}+(\boldsymbol{\beta}+\boldsymbol{\gamma})$；

(3) $\exists\vec{\mathbf{0}}\in \boldsymbol{V}$，对$\forall\boldsymbol{\alpha}\in\boldsymbol{V}$，有$\vec{\mathbf{0}}+\boldsymbol{\alpha}=\boldsymbol{\alpha}$ (找出$\vec{\mathbf{0}}$元)；

(4) $\forall\boldsymbol{\alpha}\in\boldsymbol{V}$，$\exists\boldsymbol{\alpha}'\in\boldsymbol{V}$ 使得$\boldsymbol{\alpha}+\boldsymbol{\alpha}'=\vec{\mathbf{0}}$称$\boldsymbol{\alpha}'$为$\boldsymbol{\alpha}$的负向量(找出负元)；

(5) $k(\boldsymbol{\alpha}+\boldsymbol{\beta})=k\boldsymbol{\alpha}+k\boldsymbol{\beta}$；

(6) $(k+l)\boldsymbol{\alpha}=k\boldsymbol{\alpha}+l\boldsymbol{\alpha}$；

(7) $(kl)\boldsymbol{\alpha}=k(l\boldsymbol{\alpha})$；

(8) $1\cdot\boldsymbol{\alpha}=\boldsymbol{\alpha}$。

式中$\boldsymbol{\alpha},\boldsymbol{\beta},\boldsymbol{\gamma}$是$V$中的任意元素，$k$，$l$是$P$中的任意数。则称集合$V$是数域$P$上的向量空间。

例如，在解析几何里，从坐标原点引出的一切向量，对于向量的加法和实数与向量的乘法来说都构成实数域上的向量空间。

又如，全体实数的集合，按照函数的加法和数与函数的乘法，构成实数域上的向量空间。

向量空间的元素也称为向量。通常，我们用小写的希腊字母$\boldsymbol{\alpha},\boldsymbol{\beta},\boldsymbol{\gamma},\cdots$代表向量空间中的向量，用小写的英文字母$a,b,c,\cdots$代表数域$P$中的数。

下面我们从定义出发，可以得到向量空间的一些简单性质。

(1) 零元素是唯一的。

(2) 负元素是唯一的。

(3) $0a=0$; $k0=0$；$(-1)a=-a$。

(4) 如果$ka=0$，那么，$k=0$，或者$a=0$。

由向量组$\boldsymbol{\alpha}_1,\boldsymbol{\alpha}_2,\cdots,\boldsymbol{\alpha}_r$所生成的向量空间为

$$V=\left\{x=\lambda_1\boldsymbol{\alpha}_1+\lambda_2\boldsymbol{\alpha}_2+\cdots+\lambda_m\boldsymbol{\alpha}_m\,\middle|\,\lambda_1,\lambda_2,\cdots,\lambda_m\in\mathbf{R}\right\}$$

在通常的三维几何空间中，如果只考虑一个通过原点的平面。不难看出，这个平面上的所有向量对于加法和数量乘法构成一个二维的向量空间。我们称它为三维几何空间的子空间。

定义 4.9　W是数域P上向量空间V的一个非空子集合，如果W对于V的两种运算也构成向量空间，则称W为V的一个子空间。

我们知道在三维几何空间R^3中的向量$\boldsymbol{\varepsilon}_1=[1,0,0]^{\mathrm{T}}$，$\boldsymbol{\varepsilon}_2=[0,1,0]^{\mathrm{T}}$，$\boldsymbol{\varepsilon}_3=[0,0,1]^{\mathrm{T}}$是线性无关的，而对于任一个向量$\boldsymbol{\alpha}=[a_1,a_2,a_3]^{\mathrm{T}}$，均有$\boldsymbol{\alpha}=a_1\boldsymbol{\varepsilon}_1+a_2\boldsymbol{\varepsilon}_2+a_3\boldsymbol{\varepsilon}_3$，$\boldsymbol{\varepsilon}_1,\boldsymbol{\varepsilon}_2,\boldsymbol{\varepsilon}_3$被称为$R^3$

的坐标系或基，而 a_1,a_2,a_3 称为向量 $\boldsymbol{\alpha}$ 在基 $\boldsymbol{\varepsilon}_1,\boldsymbol{\varepsilon}_2,\boldsymbol{\varepsilon}_3$ 下的坐标。一般来说，有如下的定义。

定义 4.10　R^n 中的向量组 $\boldsymbol{\alpha}_1,\boldsymbol{\alpha}_2,\cdots,\boldsymbol{\alpha}_n$，如果该向量组满足下列两个条件：

(1) $\boldsymbol{\alpha}_1,\boldsymbol{\alpha}_2,\cdots,\boldsymbol{\alpha}_n$ 线性无关；

(2) R^n 中的任一向量均可由 $\boldsymbol{\alpha}_1,\boldsymbol{\alpha}_2,\cdots,\boldsymbol{\alpha}_n$ 线性表示。

那么 $\boldsymbol{\alpha}_1,\boldsymbol{\alpha}_2,\cdots,\boldsymbol{\alpha}_n$ 就称为线性空间 R^n 的一个基，n 称为线性空间 R^n 的维数。

例 4.18　n 维单位向量组 $\boldsymbol{\varepsilon}_1,\boldsymbol{\varepsilon}_2,\cdots,\boldsymbol{\varepsilon}_n$ 是 R^n 中的线性无关的向量组。而对任一向量 $\boldsymbol{\alpha}=[a_1,a_2,\cdots,a_n]^{\mathrm{T}}$，均有 $\boldsymbol{\alpha}=a_1\boldsymbol{\varepsilon}_1+a_2\boldsymbol{\varepsilon}_2+\cdots+a_n\boldsymbol{\varepsilon}_n$，因此 $\boldsymbol{\varepsilon}_1,\boldsymbol{\varepsilon}_2,\cdots,\boldsymbol{\varepsilon}_n$ 是 R^n 的基。

例 4.19　在 R^n 中向量组 $\boldsymbol{e}_1=[1,0,0,\cdots,0]^{\mathrm{T}}$，$\boldsymbol{e}_2=[1,1,0,\cdots,0]^{\mathrm{T}},\cdots,\boldsymbol{e}_n=[1,1,1,\cdots,0]^{\mathrm{T}}$，也是 R^n 的基。

定义 4.11　R^n 中的基所含向量的个数被称为 R^n 的维数，记作 $\dim R^n$。

从上面的讨论可知 $\dim R^n=n$，因而，我们把 R^n 称为 n 维向量空间。

定义 4.12　R^n 中的向量用基线性表示的系数构成的有序数组称为该向量在给定基下的坐标。

显然，R^n 中的同一个向量可以由不同的基来线性表示，但该向量在不同基下的坐标是不同的。

由定义 4.12 可直接得出：若把向量空间 V 看作是向量组，那么 V 的基就是向量组的最大无关组，V 的维数就是向量组的秩。

在例 4.18 中 $\boldsymbol{\alpha}$ 在 $\boldsymbol{\varepsilon}_1,\boldsymbol{\varepsilon}_2,\cdots,\boldsymbol{\varepsilon}_n$ 下的坐标是 $[a_1,a_2,\cdots,a_n]$。

例 4.20　求由向量组 $\boldsymbol{\alpha}_1=[1,1,0,0]^{\mathrm{T}}$，$\boldsymbol{\alpha}_2=[1,0,1,1]^{\mathrm{T}}$，$\boldsymbol{\alpha}_3=[2,-1,3,3]^{\mathrm{T}}$ 所生成的向量空间的基。

解　设 $\boldsymbol{A}=\begin{bmatrix}1&1&0&0\\1&0&1&1\\2&-1&3&3\end{bmatrix}\longrightarrow\begin{bmatrix}1&1&0&0\\0&-1&1&1\\0&-3&3&3\end{bmatrix}\longrightarrow\begin{bmatrix}1&1&0&0\\0&-1&1&1\\0&0&0&0\end{bmatrix}$

可知 $R(\boldsymbol{A})=2$，所以 $R(\boldsymbol{\alpha}_1,\boldsymbol{\alpha}_2,\boldsymbol{\alpha}_3)=2$，故 $\boldsymbol{\alpha}_1,\boldsymbol{\alpha}_2$ 是所求向量空间的基。

习　题

1. 已知向量 $\boldsymbol{\alpha}_1=(1\quad 3\quad 6)^{\mathrm{T}},\boldsymbol{\alpha}_2=(2\quad 1\quad 5)^{\mathrm{T}},\boldsymbol{\alpha}_3=(4\quad -3\quad 3)^{\mathrm{T}}$，求

(1) $7\boldsymbol{\alpha}_1-3\boldsymbol{\alpha}_2-2\boldsymbol{\alpha}_3$；

(2) $2\boldsymbol{\alpha}_1-3\boldsymbol{\alpha}_2+\boldsymbol{\alpha}_3$。

2. 将下列各题中向量 $\boldsymbol{\beta}$ 表示为其他向量的线性组合。

(1) $\boldsymbol{\beta}=(2,-1,5,1)^{\mathrm{T}}$，$\boldsymbol{\varepsilon}_1=(1,0,0,0)^{\mathrm{T}}$，$\boldsymbol{\varepsilon}_2=(0,1,0,0)^{\mathrm{T}}$，$\boldsymbol{\varepsilon}_3=(0,0,1,0)^{\mathrm{T}}$，$\boldsymbol{\varepsilon}_4=(0,0,0,1)^{\mathrm{T}}$；

(2) $\boldsymbol{\beta}=(3,5,-6)^{\mathrm{T}}$，$\boldsymbol{\alpha}_1=(1,0,1)^{\mathrm{T}}$，$\boldsymbol{\alpha}_2=(1,1,1)^{\mathrm{T}}$，$\boldsymbol{\alpha}_3=(0,-1,-1)^{\mathrm{T}}$。

3. 判定下列向量组的线性相关性。

(1) $\boldsymbol{\alpha}_1=[1,2,3,4]^{\mathrm{T}}$，$\boldsymbol{\alpha}_2=[2,1,0,5]^{\mathrm{T}}$，$\boldsymbol{\alpha}_3=[-1,1,2,3]^{\mathrm{T}}$；

(2) $\boldsymbol{\alpha}_1=[1,0,-1]^{\mathrm{T}}$，$\boldsymbol{\alpha}_2=[-2,2,0]^{\mathrm{T}}$，$\boldsymbol{\alpha}_3=[3,-5,2]^{\mathrm{T}}$；

(3) $\boldsymbol{\alpha}_1=[1,1,3,1]^{\mathrm{T}}$，$\boldsymbol{\alpha}_2=[3,-1,2,4]^{\mathrm{T}}$，$\boldsymbol{\alpha}_3=[2,2,7,-1]^{\mathrm{T}}$。

4．判断下列向量组是否线性相关，若线性相关，试找出其中一个向量，使得这个向量可由其余向量线性表出，并且写出它的一种表示方式。

(1) $\boldsymbol{\alpha}_1=[3,1,2,-4]^{\mathrm{T}}$，$\boldsymbol{\alpha}_2=[1,0,5,2]^{\mathrm{T}}$，$\boldsymbol{\alpha}_3=[-1,2,0,3]^{\mathrm{T}}$；

(2) $\boldsymbol{\alpha}_1=[-2,1,0,3]^{\mathrm{T}}$，$\boldsymbol{\alpha}_2=[1,-3,2,4]^{\mathrm{T}}$，$\boldsymbol{\alpha}_3=[3,0,2,-1]^{\mathrm{T}}$，$\boldsymbol{\alpha}_4=[2,-2,4,6]^{\mathrm{T}}$。

5．设有$\boldsymbol{\alpha}_1=[1,-2,4]^{\mathrm{T}}$，$\boldsymbol{\alpha}_2=[0,1,2]^{\mathrm{T}}$，$\boldsymbol{\alpha}_3=[2,3,a]^{\mathrm{T}}$，试问：

(1) a取何值时，$\boldsymbol{\alpha}_1,\boldsymbol{\alpha}_2,\boldsymbol{\alpha}_3$线性相关？

(2) a取何值时，$\boldsymbol{\alpha}_1,\boldsymbol{\alpha}_2,\boldsymbol{\alpha}_3$线性无关？

6．设$\boldsymbol{\beta}_1=\boldsymbol{\alpha}_1,\boldsymbol{\beta}_2=\boldsymbol{\alpha}_1+\boldsymbol{\alpha}_2,\cdots,\boldsymbol{\beta}_r=\boldsymbol{\alpha}_1+\boldsymbol{\alpha}_2+\cdots+\boldsymbol{\alpha}_r$，若$\boldsymbol{\alpha}_1$，$\boldsymbol{\alpha}_2,\cdots$，$\boldsymbol{\alpha}_r$线性无关，证明向量组$\boldsymbol{\beta}_1,\boldsymbol{\beta}_2,\cdots,\boldsymbol{\beta}_r$也线性无关。

7. 求下列向量组的秩, 并求一个最大无关组，并将多余向量用极大无关组线性表示。

(1) $\boldsymbol{\alpha}_1=[1,1,1,0]^{\mathrm{T}},\boldsymbol{\alpha}_2=[1,1,0,0]^{\mathrm{T}},\boldsymbol{\alpha}_3=[3,3,2,0]^{\mathrm{T}},\boldsymbol{\alpha}_4=[1,0,0,0]^{\mathrm{T}},\boldsymbol{\alpha}_5=[3,2,1,0]^{\mathrm{T}}$；

(2) $\boldsymbol{\alpha}_1=[1,2,-1,4]^{\mathrm{T}},\boldsymbol{\alpha}_2=[9,100,10,4]^{\mathrm{T}},\boldsymbol{\alpha}_3=[-2,-4,2,-8]^{\mathrm{T}}$。

8．试用矩阵的初等行变换求$\boldsymbol{A}=\begin{bmatrix}1&0&2&1\\1&2&0&1\\2&1&3&0\\2&5&-1&4\\1&-1&3&-1\end{bmatrix}$列向量组的一个最大无关组，并将其余向量用最大无关组线性表示。

9. 设向量组$\boldsymbol{\alpha}_1,\boldsymbol{\alpha}_2,\boldsymbol{\alpha}_3,\boldsymbol{\alpha}_4$线性无关，$\boldsymbol{\beta}_1=2\boldsymbol{\alpha}_1+\boldsymbol{\alpha}_3+\boldsymbol{\alpha}_4,\boldsymbol{\beta}_2=2\boldsymbol{\alpha}_1+\boldsymbol{\alpha}_2+\boldsymbol{\alpha}_3$，$\boldsymbol{\beta}_3=\boldsymbol{\alpha}_2-\boldsymbol{\alpha}_4$，$\boldsymbol{\beta}_4=\boldsymbol{\alpha}_2+\boldsymbol{\alpha}_4$，$\boldsymbol{\beta}_5=\boldsymbol{\alpha}_2+\boldsymbol{\alpha}_3$，求$\boldsymbol{\beta}_1,\boldsymbol{\beta}_2,\boldsymbol{\beta}_3,\boldsymbol{\beta}_4,\boldsymbol{\beta}_5$的一个极大无关组及秩。

10. 设$\boldsymbol{\alpha}_1,\boldsymbol{\alpha}_2,\cdots,\boldsymbol{\alpha}_n$是一组 n 维向量，已知n维单位坐标向量$\boldsymbol{\varepsilon}_1,\boldsymbol{\varepsilon}_2,\cdots,\boldsymbol{\varepsilon}_n$能由它们线性表示，证明$\boldsymbol{\alpha}_1,\boldsymbol{\alpha}_2,\cdots,\boldsymbol{\alpha}_n$线性无关。

11．求下列齐次线性方程组的基础解系及通解。

(1) $\begin{cases}x_1-2x_2+4x_3-7x_4=0\\2x_1+x_2-2x_3+x_4=0\\3x_1-x_2+2x_3-4x_4=0\end{cases}$　　(2) $\begin{cases}x_1-2x_2+x_3-x_4+x_5=0\\2x_1+x_2-x_3+2x_4-3x_5=0\\3x_1-2x_2-x_3+x_4-2x_5=0\\2x_1-5x_2+x_3-2x_4+2x_5=0\end{cases}$

12．求下列非齐次线性方程组的基础解系及通解。

(1) $\begin{cases}x_1-2x_2+x_3-3x_4=2\\2x_1+x_2+3x_3-x_4=7\\3x_1-x_2+4x_3-4x_4=9\\x_1+3x_2+2x_3+2x_4=5\end{cases}$

(2) $\begin{cases}x_1+x_2+x_3+x_4+x_5=7\\3x_1+2x_2+x_3+x_4-3x_5=-2\\2x_2+2x_3+2x_4+6x_5=23\\5x_1+4x_2-3x_3+3x_4-x_5=12\end{cases}$

13. 试问λ取何值时方程组

$$\begin{cases} x_1 \qquad + \ x_3 = \lambda \\ 4x_1 + x_2 + 2x_3 = \lambda + 2 \\ 6x_1 + x_2 + 4x_3 = 2\lambda + 3 \end{cases}$$

有解，并求其全部解。

14. 求一个齐次线性方程组，使它的基础解系为$\boldsymbol{\xi}_1 = [0,1,2,3]^{\mathrm{T}}, \boldsymbol{\xi}_2 = [3,2,1,0]^{\mathrm{T}}$。

15. 设$V_1 = \left\{x = (x_1, x_2, \cdots, x_n)^{\mathrm{T}} \middle| x_1 + x_2 + \cdots + x_n = 0, x_1, x_2, \cdots, x_n \in \mathbf{R}\right\}$，$V_2 = \{x = (x_1, x_2, \cdots, x_n)^{\mathrm{T}}, x_1 + x_2 + \cdots + x_n = 1, x_1, x_2, \cdots, x_n \in \mathbf{R}\}$，问：$V_1, V_2$是不是向量空间？为什么？

16. 试证：由$\boldsymbol{\alpha}_1 = [0,1,1]^{\mathrm{T}}, \boldsymbol{\alpha}_2 = [1,0,1]^{\mathrm{T}}, \boldsymbol{\alpha}_3 = [1,1,0]^{\mathrm{T}}$所生成的向量空间就是$\mathbf{R}^3$。

17. 设向量空间V^3的基为$\boldsymbol{\alpha}_1 = [1,1,1,1]^{\mathrm{T}}$，$\boldsymbol{\alpha}_2 = [1,1,-1,1]^{\mathrm{T}}$，$\boldsymbol{\alpha}_3 = [1,-1,-1,1]^{\mathrm{T}}$，求$\boldsymbol{\alpha} = [1,2,1,1]^{\mathrm{T}}$在该基下的坐标。

第 5 章　特征值和特征向量　矩阵的相似

特征值与特征向量不仅限于二次型方面的应用，实际上它在矩阵理论、微分方程以及科学技术的许多领域都有着广泛的应用。

5.1　矩阵的特征值和特征向量

定义 5.1　设 $\boldsymbol{A}$ 是 n 阶方阵，如果数 λ 和 n 维非零列向量 $\boldsymbol{x}$ 使关系式

$$\boldsymbol{A}\boldsymbol{x}=\lambda\boldsymbol{x} \tag{5.1}$$

成立，那么，这样的数 λ 称为方阵 $\boldsymbol{A}$ 的特征值，非零向量 $\boldsymbol{x}$ 称为方阵 $\boldsymbol{A}$ 对应于特征值 λ 的特征向量。

对于给定的 n 阶方阵 $\boldsymbol{A}$，如何求出它的特征值和特征向量呢？由式(5.1)可知

$$(\boldsymbol{A}-\lambda\boldsymbol{E})\boldsymbol{x}=0 \tag{5.2}$$

这是 n 个变量 n 个方程的齐次线性方程组，它有非零解的充分必要条件是其系数行列式等于零，即

$$|\boldsymbol{A}-\lambda\boldsymbol{E}|=0 \tag{5.3}$$

亦即

$$\begin{vmatrix} a_{11}-\lambda & a_{12} & \cdots & a_{1n} \\ a_{21} & a_{22}-\lambda & \cdots & a_{2n} \\ \vdots & \vdots & & \vdots \\ a_{n1} & a_{n2} & \cdots & a_{nn}-\lambda \end{vmatrix}=0$$

显然它是以 λ 为变量的一元 n 次方程，称为方阵 $\boldsymbol{A}$ 的特征方程。多项式 $|\boldsymbol{A}-\lambda\boldsymbol{E}|$ 是 λ 的 n 次多项式，记作 $f(\lambda)$，称为方阵 $\boldsymbol{A}$ 的特征多项式。特征方程的根就是方阵 $\boldsymbol{A}$ 的特征值，特征方程在复数范围内恒有解，其解个数为方程的次数(重根按重数计算)，因此，n 阶方阵 $\boldsymbol{A}$ 在复数范围内有 n 个特征值。式(5.2)的非零解 $\boldsymbol{x}$ 就是方阵 $\boldsymbol{A}$ 的对应于特征值 λ 的特征向量。

例 5.1　求矩阵

$$A=\begin{bmatrix}0 & 1\\-1 & 0\end{bmatrix}$$

的特征值和特征向量。

解　A 的特征多项式为

$$|A-\lambda E|=\begin{vmatrix}-\lambda & 1\\-1 & -\lambda\end{vmatrix}=\lambda^2+1$$

所以矩阵 A 的特征值为 $\lambda_1=i$，$\lambda_2=-i$。

当 $\lambda_1=i$ 时，有

$$\begin{bmatrix}-i & 1\\-1 & -i\end{bmatrix}\begin{bmatrix}x_1\\x_2\end{bmatrix}=0$$

即

$$\begin{cases}ix_1-x_2=0\\x_1+ix_2=0\end{cases}$$

得基础解系为

$$p_1=\begin{bmatrix}1\\i\end{bmatrix}$$

因此，矩阵 A 对应于 $\lambda_1=i$ 的全部特征向量是 $k_1p_1\ (k_1\neq 0)$。

同样地，可求出矩阵 A 对应于 $\lambda_2=-i$ 的一个特征向量是

$$p_2=\begin{bmatrix}1\\-i\end{bmatrix}$$

其全部特征向量是 $k_2p_2\ (k_2\neq 0)$。

例 5.2　求矩阵

$$A=\begin{bmatrix}4 & 6 & 0\\-3 & -5 & 0\\-3 & -6 & 1\end{bmatrix}$$

的特征值和特征向量。

解　由 $|A-\lambda E|=\begin{vmatrix}4-\lambda & 6 & 0\\-3 & -5-\lambda & 0\\-3 & -6 & 1-\lambda\end{vmatrix}$

$$=(1-\lambda)\begin{vmatrix}4-\lambda & 6\\-3 & -5-\lambda\end{vmatrix}=(1-\lambda)^2(2+\lambda)=0$$

得 A 的特征值是

$$\lambda_1=-2,\ \lambda_2=\lambda_3=1$$

当 $\lambda_1=-2$ 时，解齐次线性方程组 $(A+2E)x=0$：

$$A+2E=\begin{bmatrix}6 & 6 & 0\\-3 & -3 & 0\\-3 & -6 & 3\end{bmatrix}\to\begin{bmatrix}1 & 1 & 0\\0 & 0 & 0\\0 & 3 & -3\end{bmatrix}\to\begin{bmatrix}1 & 1 & 0\\0 & 1 & -1\\0 & 0 & 0\end{bmatrix}\to\begin{bmatrix}1 & 0 & 1\\0 & 1 & -1\\0 & 0 & 0\end{bmatrix}$$

得同解方程组$\begin{cases} x_1 = -x_3 \\ x_2 = x_3 \\ x_3 = x_3 \end{cases}$，从而得该方程组的基础解系

$$\boldsymbol{p}_1 = \begin{bmatrix} -1 \\ 1 \\ 1 \end{bmatrix}$$

于是 $\boldsymbol{A}$ 的属于特征值 $\lambda_1 = -2$ 的全部特征向量是

$$k_1\boldsymbol{p}_1 = k_1\begin{bmatrix} -1 \\ 1 \\ 1 \end{bmatrix} \quad (k_1 \neq 0)$$

当 $\lambda_2 = \lambda_3 = 1$ 时，解齐次线性方程组 $(\boldsymbol{A}-\boldsymbol{E})\boldsymbol{x} = 0$：

$$\boldsymbol{A}-\boldsymbol{E} = \begin{bmatrix} 3 & 6 & 0 \\ -3 & -6 & 0 \\ -3 & -6 & 0 \end{bmatrix} \to \begin{bmatrix} 1 & 2 & 0 \\ 0 & 0 & 0 \\ 0 & 0 & 0 \end{bmatrix}$$

得同解方程组

$$\begin{cases} x_1 = -2x_2, \\ x_2 = \quad x_2, \\ x_3 = \quad x_3 \end{cases}$$

从而得该方程组的基础解系

$$\boldsymbol{p}_2 = \begin{bmatrix} -2 \\ 1 \\ 0 \end{bmatrix}, \quad \boldsymbol{p}_3 = \begin{bmatrix} 0 \\ 0 \\ 1 \end{bmatrix}$$

于是 $\boldsymbol{A}$ 的属于特征值 $\lambda_2 = \lambda_3 = 1$ 的全部特征向量是

$$k_2\boldsymbol{p}_2 + k_3\boldsymbol{p}_3 = k_2\begin{bmatrix} -2 \\ 1 \\ 0 \end{bmatrix} + k_3\begin{bmatrix} 0 \\ 0 \\ 1 \end{bmatrix}$$

其中 k_2, k_3 不同时为零。

例 5.3　求矩阵

$$\boldsymbol{A} = \begin{bmatrix} 3 & 2 & 4 \\ 2 & 0 & 2 \\ 4 & 2 & 3 \end{bmatrix}$$

的特征值和特征向量。

解　$\boldsymbol{A}$ 的特征多项式为

$$|\boldsymbol{A}-\lambda\boldsymbol{E}| = \begin{vmatrix} 3-\lambda & 2 & 4 \\ 2 & -\lambda & 2 \\ 4 & 2 & 3-\lambda \end{vmatrix} = (8-\lambda)(\lambda+1)^2$$

所以矩阵 $\boldsymbol{A}$ 的特征值为

$$\lambda_1 = 8, \lambda_2 = \lambda_3 = -1$$

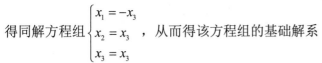

当 $\lambda_1 = 8$ 时，

$$A - 8E = \begin{bmatrix} -5 & 2 & 4 \\ 2 & -8 & 2 \\ 4 & 2 & -5 \end{bmatrix} \longrightarrow \begin{bmatrix} 0 & -2 & 1 \\ 1 & -2 & 0 \\ 0 & 0 & 0 \end{bmatrix}$$

于是齐次线性方程组

$$(A - 8E)x = 0$$

的一个基础解系为

$$p_1 = \begin{bmatrix} 2 \\ 1 \\ 2 \end{bmatrix}$$

对应于 $\lambda_1 = 8$ 的全部特征向量是 $k_1 p_1 (k_1 \neq 0)$ 。

当 $\lambda_2 = \lambda_3 = -1$ 时，

$$A + E = \begin{bmatrix} 4 & 2 & 4 \\ 2 & 1 & 2 \\ 4 & 2 & 4 \end{bmatrix} \longrightarrow \begin{bmatrix} 0 & 0 & 0 \\ 2 & 1 & 2 \\ 0 & 0 & 0 \end{bmatrix}$$

得齐次线性方程组

$$(A + E)x = 0$$

的一个基础解系为

$$p_2 = \begin{bmatrix} 1 \\ -2 \\ 0 \end{bmatrix},\ p_3 = \begin{bmatrix} 0 \\ -2 \\ 1 \end{bmatrix}$$

对应于 $\lambda_2 = \lambda_3 = -1$ 的全部特征向量是

$$k_2 p_2 + k_3 p_3$$

式中 k_2, k_3 不同时为零。

例 5.4　设 λ 是方阵 A 的特征值，证明：

(1) λ^2 是 A^2 的特征值；

(2) 当 A 可逆时，$\dfrac{1}{\lambda}$ 是 A^{-1} 的特征值。

证明　因为 λ 是方阵 A 的特征值，故有 $p \neq 0$ 使 $Ap = \lambda p$ ，于是

(1) $A^2 p = A(Ap) = A(\lambda p) = \lambda(Ap) = \lambda^2 p$ ，所以 λ^2 是 A^2 的特征值。

(2) 当 A 可逆时，由 $Ap = \lambda p$ ，有

$$p = A^{-1}\lambda p = \lambda(A^{-1}p)$$

因 $p \neq 0$ ，知 $\lambda \neq 0$ ，故

$$A^{-1}p = \frac{1}{\lambda}p$$

所以 $\dfrac{1}{\lambda}$ 是 A^{-1} 的特征值。

按此例类推，不难证明：若 λ 是方阵 A 的特征值，则有 λ^k 是 A^k 的特征值；$\Phi(\lambda)$ 是 $\Phi(A)$ 的特征值(其中 $\Phi(\lambda) = a_0 + a_1\lambda + \cdots + a_m\lambda^m$ 是 λ 的多项式)。

定义 5.2　如果两个向量的点积为 0，那么称这两个向量为正交向量。

下面我们介绍实对称矩阵的特征值、特征向量的性质。

从例 5.1～5.3 中可以看出：

(1) 实矩阵的特征值未必是实数；

(2) 当特征值为特征方程的 n 个互异根时，必有 n 个线性无关的特征向量；

(3) 当特征值为特征方程的 r 重根时，未必有 r 个线性无关的特征向量($r\geqslant 2$)。

但是，对于实对称矩阵的特征值、特征向量却有良好的性质：

(1) 实对称矩阵的特征值都是实数；

(2) 实对称矩阵对应于不同特征值的特征向量必定正交；

(3) 对应于实对称矩阵 $\boldsymbol{A}$ 的 k 重特征值 λ_1，一定有 k 个线性无关的特征向量。即方程组

$$(\boldsymbol{A}-\lambda_1\boldsymbol{E})\boldsymbol{x}=0$$

的基础解系恰有 k 个解向量。

证明从略。

5.2　相 似 矩 阵

定义 5.3　设 $\boldsymbol{A}$、$\boldsymbol{B}$ 都是 n 阶方阵，若有可逆矩阵 $\boldsymbol{P}$，使

$$\boldsymbol{P}^{-1}\boldsymbol{AP}=\boldsymbol{B}$$

则称 $\boldsymbol{B}$ 是 $\boldsymbol{A}$ 的相似矩阵，或说矩阵 $\boldsymbol{A}$ 与 $\boldsymbol{B}$ 相似。

对 $\boldsymbol{A}$ 进行运算 $\boldsymbol{P}^{-1}\boldsymbol{AP}$ 称为对 $\boldsymbol{A}$ 进行相似变换，可逆矩阵 $\boldsymbol{P}$ 称为 $\boldsymbol{A}$ 变换 $\boldsymbol{B}$ 的相似变换矩阵。

定理 5.1　若 n 阶方阵 $\boldsymbol{A}$ 与 $\boldsymbol{B}$ 相似，则 $\boldsymbol{A}$ 与 $\boldsymbol{B}$ 的特征多项式相同，从而 $\boldsymbol{A}$ 与 $\boldsymbol{B}$ 的特征值亦相同。

证明　因 $\boldsymbol{A}$ 与 $\boldsymbol{B}$ 相似，即有可逆矩阵 $\boldsymbol{P}$，使 $\boldsymbol{P}^{-1}\boldsymbol{AP}=\boldsymbol{B}$，故

$$\begin{aligned}|\boldsymbol{B}-\lambda\boldsymbol{E}|&=|\boldsymbol{P}^{-1}\boldsymbol{AP}-\lambda\boldsymbol{E}|=|\boldsymbol{P}^{-1}(\boldsymbol{A}-\lambda\boldsymbol{E})\boldsymbol{P}|\\&=|\boldsymbol{P}^{-1}||\boldsymbol{A}-\lambda\boldsymbol{E}||\boldsymbol{P}|=|\boldsymbol{A}-\lambda\boldsymbol{E}|\end{aligned}$$

推论 5.1　若 n 阶方阵 $\boldsymbol{A}$ 与对角阵

$$\boldsymbol{\Lambda}=\begin{bmatrix}\lambda_1 & & & \\ & \lambda_1 & & \\ & & \ddots & \\ & & & \lambda_n\end{bmatrix}$$

相似，则 $\lambda_1,\lambda_2,\cdots,\lambda_n$ 就是 $\boldsymbol{A}$ 的 n 个特征值。

证明　因 $\lambda_1,\lambda_2,\cdots,\lambda_n$ 是 $\boldsymbol{\Lambda}$ 的 n 个特征值，由定理 1 知 $\lambda_1,\lambda_2,\cdots,\lambda_n$，也就是 $\boldsymbol{A}$ 的 n 个特征值。

设有 n 阶方阵 $\boldsymbol{A}$，假如存在可逆矩阵 $\boldsymbol{P}$，使 $\boldsymbol{P}^{-1}\boldsymbol{AP}=\boldsymbol{\Lambda}$ 为对角阵。下面我们来讨论 $\boldsymbol{P}$ 应满足什么条件。

把 $\boldsymbol{P}$ 用其列向量表示为

$$\boldsymbol{P}=[\boldsymbol{p}_1 \quad \boldsymbol{p}_2 \quad \cdots \quad \boldsymbol{p}_n]$$

由 $\boldsymbol{P}^{-1}\boldsymbol{AP}=\boldsymbol{\Lambda}$，得 $\boldsymbol{AP}=\boldsymbol{P\Lambda}$，即证明

$$\boldsymbol{A}[\boldsymbol{p}_1 \quad \boldsymbol{p}_2 \quad \cdots \quad \boldsymbol{p}_n]=[\boldsymbol{p}_1 \quad \boldsymbol{p}_2 \quad \cdots \quad \boldsymbol{p}_n]\begin{bmatrix}\lambda_1 & & & \\ & \lambda_1 & & \\ & & \ddots & \\ & & & \lambda_n\end{bmatrix}$$

$$=[\lambda_1\boldsymbol{p}_1 \quad \lambda_2\boldsymbol{p}_2 \quad \cdots \quad \lambda_n\boldsymbol{p}_n]$$

于是有

$$\boldsymbol{A}\boldsymbol{p}_i=\lambda_i\boldsymbol{p}_i \ (i=1,2,\cdots,n)$$

由此可得 λ_i 是 $\boldsymbol{A}$ 的特征值，而 $\boldsymbol{P}$ 的列向量 $\boldsymbol{p}_i$ 就是 $\boldsymbol{A}$ 的属于 λ_i 的特征向量。

从 5.1 节的讨论中我们知道，若方阵 $\boldsymbol{A}$ 的 n 个特征值互不相等，则对应的 n 个特征向量线性无关，n 阶方阵 $\boldsymbol{A}$ 与对角阵相似。

定理 5.2　n 阶方阵 $\boldsymbol{A}$ 与对角阵相似(即 $\boldsymbol{A}$ 能对角化)的充分必要条件是 $\boldsymbol{A}$ 有 n 个线性无关的特征向量。

证明略。

推论 5.2　如果 n 阶矩阵 $\boldsymbol{A}$ 的 n 个特征值互不相等，则 $\boldsymbol{A}$ 与对角阵相似。

当方阵 $\boldsymbol{A}$ 的特征方程有重根，就不一定有 n 个线性无关的特征向量，从而就不一定与对角阵相似。如 5.1 节的例 5.2 中的方阵 $\boldsymbol{A}$ 不能与对角阵相似，而例 5.1 中的方阵 $\boldsymbol{A}$ 能与对角阵相似。

例 5.5　讨论矩阵

$$\boldsymbol{A}=\begin{bmatrix}-2 & 1 & 2\\ 0 & -1 & 6\\ -1 & 1 & 1\end{bmatrix}$$

能否对角化。

解　由 $|\boldsymbol{A}-\lambda\boldsymbol{E}|=\begin{vmatrix}-2-\lambda & 1 & 2\\ 0 & -1-\lambda & 6\\ -1 & 1 & 1-\lambda\end{vmatrix}=-(\lambda-2)(\lambda+3)(\lambda+1)=0$，得 $\boldsymbol{A}$ 的特征值 $\lambda_1=2$，$\lambda_2=-3$，$\lambda_3=-1$，即 3 阶矩阵 $\boldsymbol{A}$ 有 3 个不同的特征值。所以 $\boldsymbol{A}$ 可以对角化。

例 5.6　设

$$\boldsymbol{A}=\begin{bmatrix}0 & 0 & 1\\ 1 & 1 & x\\ 1 & 0 & 0\end{bmatrix}$$

问 x 为何值时，矩阵 $\boldsymbol{A}$ 能对角化。

解　由 $|\boldsymbol{A}-\lambda\boldsymbol{E}|=\begin{vmatrix}-\lambda & 0 & 1\\ 1 & 1-\lambda & x\\ 1 & 0 & -\lambda\end{vmatrix}=-(\lambda-1)^2(\lambda+1)=0$，得 $\boldsymbol{A}$ 的特征值 $\lambda_1=-1$，$\lambda_2=\lambda_3=1$。

对应单根 $\lambda_1=-1$，可求得线性无关的特征向量恰有 1 个，故矩阵 $\boldsymbol{A}$ 可对角化的充分

必要条件是对应重根 $\lambda_2=\lambda_3=1$，有 2 个线性无关的特征向量，即方程 $(\boldsymbol{A}-\boldsymbol{E})\boldsymbol{x}=\boldsymbol{0}$ 有 2 个线性无关的解，亦即系数矩阵 $\boldsymbol{A}-\boldsymbol{E}$ 的秩 $R(\boldsymbol{A}-\boldsymbol{E})=1$。

由于
$$\boldsymbol{A}-\boldsymbol{E}=\begin{bmatrix}-1 & 0 & 1\\ 1 & 0 & x\\ 1 & 0 & -1\end{bmatrix}\longrightarrow\begin{bmatrix}1 & 0 & -1\\ 0 & 0 & x+1\\ 0 & 0 & 0\end{bmatrix}$$

可知 $R(\boldsymbol{A}-\boldsymbol{E})=1$，所以 $x+1=0$，即 $x=-1$。

因此，当 $x=-1$ 时，矩阵 $\boldsymbol{A}$ 能对角化。

例 5.7　设
$$\boldsymbol{A}=\begin{bmatrix}1 & 0\\ -1 & 2\end{bmatrix}$$

求 $\boldsymbol{A}^k$，k 为任意正常数。

解　因
$$|\boldsymbol{A}-\lambda\boldsymbol{E}|=\begin{vmatrix}1-\lambda & 0\\ -1 & 2-\lambda\end{vmatrix}=(1-\lambda)(2-\lambda)=0$$

得 $\boldsymbol{A}$ 的特征值 $\lambda_1=-1$，$\lambda_2=2$。

当 $\lambda_1=-1$ 时，由 $(\boldsymbol{A}-\boldsymbol{E})\boldsymbol{x}=\boldsymbol{0}$，得基础解系
$$\boldsymbol{p}_1=\begin{bmatrix}1\\ 1\end{bmatrix}$$

当 $\lambda_2=2$ 时，由 $(\boldsymbol{A}-2\boldsymbol{E})\boldsymbol{x}=\boldsymbol{0}$，得基础解系
$$\boldsymbol{p}_2=\begin{bmatrix}0\\ 1\end{bmatrix}$$

令 $\boldsymbol{P}=[\boldsymbol{p}_1\quad \boldsymbol{p}_2]=\begin{bmatrix}1 & 0\\ 1 & 1\end{bmatrix}$，则 $\boldsymbol{P}$ 可逆，使得
$$\boldsymbol{P}^{-1}\boldsymbol{A}\boldsymbol{P}=\begin{bmatrix}1 & 0\\ 0 & 2\end{bmatrix}$$

由此解得
$$\boldsymbol{A}=\boldsymbol{P}\begin{bmatrix}1 & 0\\ 0 & 2\end{bmatrix}\boldsymbol{P}^{-1}$$

则
$$\boldsymbol{A}^k=\left(\boldsymbol{P}\begin{bmatrix}1 & 0\\ 0 & 2\end{bmatrix}\boldsymbol{P}^{-1}\right)^k=\boldsymbol{P}\begin{bmatrix}1 & 0\\ 0 & 2\end{bmatrix}^k\boldsymbol{P}^{-1}$$
$$=\begin{bmatrix}1 & 0\\ 1 & 1\end{bmatrix}\begin{bmatrix}1 & 0\\ 0 & 2^k\end{bmatrix}\begin{bmatrix}1 & 0\\ 1 & 1\end{bmatrix}^{-1}=\begin{bmatrix}1 & 0\\ 1-2^k & 2^k\end{bmatrix}$$

5.3　实对称矩阵的对角化

一个方阵具备什么条件才能与对角阵相似？这是一个较复杂的问题，我们对此不进行一般性的讨论，本节进一步讨论 n 阶实对称矩阵的对角化问题。

定理 5.3　设 $\boldsymbol{A}$ 为 n 阶实对称矩阵，则必存在正交矩阵 $\boldsymbol{P}$，使 $\boldsymbol{P}^{-1}\boldsymbol{A}\boldsymbol{P}=\Lambda$ 为对角矩阵，其中 Λ 以 $\boldsymbol{A}$ 的 n 个特征值为对角元素。

证明　设 $\lambda_1,\lambda_2,\cdots,\lambda_n$ 是 $\boldsymbol{A}$ 的互不相等的特征值，它们的重数依次为 $r_1,r_2,\cdots,r_s$。由 5.1 节实对称矩阵的性质(3)知，对应于实对称矩阵 $\boldsymbol{A}$ 的 $r_i\ (i=1,2,\cdots,s)$ 特征值 $\lambda_i\ (i=1,2,\cdots,s)$，恰有 r_i 个线性无关的特征向量，把它们正交规范化，就得到 r_i 个两两正交的单位向量。由 $r_1+r_2+\cdots+r_s=n$ 知，这样的特征向量共 n 个，又由 5.1 节实对称矩阵的性质(2)知，对应于不同特征值的特征向量是正交的，所以，以它们为列向量构成正交矩阵

$$\boldsymbol{P}=(\boldsymbol{p}_1,\boldsymbol{p}_2,\cdots,\boldsymbol{p}_n)$$

由于

$$\boldsymbol{A}\boldsymbol{p}_k=\lambda_k\boldsymbol{p}_k\ (k=1,2,\cdots,n)$$

因此

$$\boldsymbol{A}\boldsymbol{P}=(\boldsymbol{p}_1,\boldsymbol{p}_2,\cdots,\boldsymbol{p}_n)\Lambda$$

即

$$\boldsymbol{A}\boldsymbol{P}=\boldsymbol{P}\Lambda$$

于是

$$\boldsymbol{P}^{-1}\boldsymbol{A}\boldsymbol{P}=\Lambda$$

式中 $\boldsymbol{P}$ 为正交矩阵，Λ 的对角元素顺次含 r_1 个 λ_1，r_2 个 λ_2，$\cdots$，r_s 个 λ_s，恰是 $\boldsymbol{A}$ 的 n 个特征值。

通过以上讨论，我们把正交矩阵 $\boldsymbol{P}$ 的求法归纳如下。

(1) 写出实对称矩阵 A 的特征方程 $|\boldsymbol{A}-\lambda\boldsymbol{E}|=0$，并求出全部特征值。

(2) 由 $(\boldsymbol{A}-\lambda_i\boldsymbol{E})\boldsymbol{x}=0$，求出作为基础解系的特征向量。

(3) 把重根所对应的特征向量正交规范化；把单根所对应的特征向量单位化。

(4) 把上述求得的 n 个两两正交的单位特征向量作为列向量构成正交矩阵 $\boldsymbol{P}$，则有 $\boldsymbol{P}^{-1}\boldsymbol{A}\boldsymbol{P}=\boldsymbol{\Lambda}$。

注： 正交矩阵 $\boldsymbol{P}$ 的列向量的排列顺序与对角矩阵 $\boldsymbol{\Lambda}$ 的主对角线上元素的排列顺序应一致。

例 5.8　设

$$\boldsymbol{A}=\begin{bmatrix}4&0&0\\0&3&1\\0&1&3\end{bmatrix}$$

求一个正交矩阵 $\boldsymbol{P}$，使 $\boldsymbol{P}^{-1}\boldsymbol{A}\boldsymbol{P}=\boldsymbol{\Lambda}$ 为对角阵。

解　$\boldsymbol{A}$ 的特征多项式为

$$|\boldsymbol{A}-\lambda\boldsymbol{E}|=\begin{bmatrix}4-\lambda&0&0\\0&3-\lambda&1\\0&1&3-\lambda\end{bmatrix}=(4-\lambda)^2(2-\lambda)=0$$

所以矩阵 $\boldsymbol{A}$ 的特征值为

$$\lambda_1=2,\lambda_2=\lambda_3=4$$

当 $\lambda_1 = 2$ 时，由 $(\boldsymbol{A} - 2\boldsymbol{E})\boldsymbol{x} = 0$ 得

$$\begin{bmatrix} 2 & 0 & 0 \\ 0 & 1 & 1 \\ 0 & 1 & 1 \end{bmatrix}\begin{bmatrix} x_1 \\ x_2 \\ x_3 \end{bmatrix} = \begin{bmatrix} 0 \\ 0 \\ 0 \end{bmatrix}$$

解得

$$\begin{bmatrix} x_1 \\ x_2 \\ x_3 \end{bmatrix} = k_1 \begin{bmatrix} 0 \\ 1 \\ -1 \end{bmatrix}$$

单位特征向量取

$$\boldsymbol{p}_1 = \begin{bmatrix} 0 \\ \frac{1}{\sqrt{2}} \\ -\frac{1}{\sqrt{2}} \end{bmatrix}$$

当 $\lambda_2 = \lambda_3 = 4$ 时，由 $(\boldsymbol{A} - 4\boldsymbol{E})\boldsymbol{x} = 0$ 得

$$\begin{bmatrix} 0 & 0 & 0 \\ 0 & -1 & 1 \\ 0 & 1 & -1 \end{bmatrix}\begin{bmatrix} x_1 \\ x_2 \\ x_3 \end{bmatrix} = \begin{bmatrix} 0 \\ 0 \\ 0 \end{bmatrix}$$

解得

$$\begin{bmatrix} x_1 \\ x_2 \\ x_3 \end{bmatrix} = \begin{bmatrix} 1 \\ 0 \\ 0 \end{bmatrix} + k_3 \begin{bmatrix} 0 \\ 1 \\ 1 \end{bmatrix}$$

基础解系中两个向量恰好正交，单位化得两个单位正交的特征向量为

$$\boldsymbol{p}_2 = \begin{bmatrix} 1 \\ 0 \\ 0 \end{bmatrix},\quad \boldsymbol{p}_3 = \begin{bmatrix} 0 \\ \frac{1}{\sqrt{2}} \\ \frac{1}{\sqrt{2}} \end{bmatrix}$$

于是得正交矩阵

$$\boldsymbol{P} = (\boldsymbol{p}_1\ \boldsymbol{p}_2\ \boldsymbol{p}_3) = \begin{bmatrix} 0 & 1 & 0 \\ \frac{1}{\sqrt{2}} & 0 & \frac{1}{\sqrt{2}} \\ -\frac{1}{\sqrt{2}} & 0 & \frac{1}{\sqrt{2}} \end{bmatrix}$$

并且

$$P^{-1}AP=\begin{bmatrix}2&0&0\\0&4&0\\0&0&4\end{bmatrix}$$

例 5.9　设三阶实对称矩阵 A 的特征值是 $\lambda_1=-1$，$\lambda_2=\lambda_3=1$，已知 A 的属于 $\lambda_1=-1$ 的特征向量 $p_1=\begin{bmatrix}0\\1\\1\end{bmatrix}$，求 A 的属于 $\lambda_2=\lambda_3=1$ 的特征向量，并求 A。

解　因为对于实对称矩阵属于不同特征值的特征向量必正交，所以，A 属于 $\lambda_2=\lambda_3=1$ 的特征向量必与 $p_1=\begin{bmatrix}0\\1\\1\end{bmatrix}$ 正交。设所求向量为 $x=\begin{bmatrix}x_1\\x_2\\x_3\end{bmatrix}$，则有 $p_1x=0$，即 $x_2+x_3=0$。得基础解系

$$p_2=\begin{bmatrix}1\\0\\0\end{bmatrix},\quad p_3=\begin{bmatrix}0\\1\\-1\end{bmatrix}$$

为 A 属于 $\lambda_2=\lambda_3=1$ 的两个线性无关的特征向量。

所以 A 属于 $\lambda_2=\lambda_3=1$ 的特征向量为 $k_2p_2+k_3p_3$，其中 k_2,k_3 不全为零。

令

$$P=(p_1\ p_2\ p_3)=\begin{bmatrix}0&1&0\\1&0&1\\1&0&-1\end{bmatrix}$$

则

$$P^{-1}AP=\begin{bmatrix}-1&0&0\\0&1&0\\0&0&1\end{bmatrix}$$

解得

$$A=P\begin{bmatrix}-1&0&0\\0&1&0\\0&0&1\end{bmatrix}P^{-1}=\begin{bmatrix}0&1&0\\1&0&1\\1&0&-1\end{bmatrix}\begin{bmatrix}-1&0&0\\0&1&0\\0&0&1\end{bmatrix}\begin{bmatrix}0&1&0\\1&0&1\\1&0&-1\end{bmatrix}^{-1}$$

$$=\begin{bmatrix}1&0&0\\0&0&-1\\0&-1&0\end{bmatrix}$$

此题用可逆阵 P，使 $P^{-1}AP=\Lambda$，不要求将 P 变换为正交阵，只要能解得 $A=P\Lambda P^{-1}$ 即可。

习　题

1．求矩阵 $A=\begin{bmatrix}1&-1\\2&4\end{bmatrix}$ 的特征值与特征向量，并讨论所求得特征向量的正交性。

2．求下列矩阵的特征值与特征向量。

(1) $A=\begin{bmatrix}1 & 0 & 0\\0 & -1 & 2\\-1 & 1 & 2\end{bmatrix}$；

(2) $A=\begin{bmatrix}1 & 1 & 1 & 1\\1 & 1 & -2 & -1\\1 & -1 & 1 & 1\\1 & -1 & -1 & -1\end{bmatrix}$。

3．已知矩阵 A 和它的一个特征向量 α，求对应的特征值，其中

$$A=\begin{bmatrix}5 & 1 & 1\\1 & 3 & 1\\1 & 1 & 3\end{bmatrix},\quad \alpha=\begin{bmatrix}2\\1\\1\end{bmatrix}$$

4．设三阶方阵 A 特征值为 $\lambda_1=-1$，$\lambda_2=\lambda_3=1$，其对应的特征向量依次为

$$\alpha_1=\begin{bmatrix}1\\2\\2\end{bmatrix},\quad \alpha_2=\begin{bmatrix}1\\-2\\2\end{bmatrix},\quad \alpha_3=\begin{bmatrix}-2\\-1\\2\end{bmatrix}$$

求矩阵 A。

5．证明如果方阵 A 不可逆，则 A 具有特征值 0；反之，如果 A 具有特征值 0，则 A 不可逆。

6．求出 x 与 y 的值，使 $A=\begin{bmatrix}2 & 0 & 0\\0 & 0 & 1\\0 & 1 & x\end{bmatrix}$ 与 $B=\begin{bmatrix}2 & 0 & 0\\0 & y & 1\\0 & 1 & -1\end{bmatrix}$ 相似，并写出 A 的所有特征向量。

7．A 与 B 相似，且

$$A=\begin{bmatrix}x & 0 & 2\\0 & -1 & 0\\0 & 4 & 2\end{bmatrix},\quad B=\begin{bmatrix}1 & 0 & 0\\0 & y & 0\\0 & 0 & -1\end{bmatrix}$$

(1) 求出 x 与 y 的值；(2) 求可逆矩阵 P，使 $P^{-1}AP=B$。

8．已知 $A=\begin{bmatrix}2 & -1\\-1 & 2\end{bmatrix}$，求 A^n。

9．设 $A=\begin{bmatrix}1 & 4 & 2\\0 & -3 & 4\\0 & 4 & 3\end{bmatrix}$，求 A^{100}。

10．若 A 与 B 相似，且都可逆，证明：A^{-1} 与 B^{-1} 也相似。

11．试用正交阵把下列对称阵转化为对角阵。

(1) $A=\begin{bmatrix}1 & 0 & 1\\1 & 1 & 1\\0 & 1 & 2\end{bmatrix}$；　　(2) $A=\begin{bmatrix}2 & 1 & 1\\1 & 2 & 1\\1 & 1 & 2\end{bmatrix}$；

(3) $A=\begin{bmatrix}1 & 1 & 0 & -1\\ 1 & 1 & -1 & 0\\ -1 & 0 & 1 & 1\end{bmatrix}$。

12. 已知三阶实对称矩阵 A 的特征值是 1,1，-1，且向量

$$p_1=\begin{bmatrix}1\\1\\1\end{bmatrix},\quad p_2=\begin{bmatrix}2\\2\\1\end{bmatrix}$$

是 A 的属于 $\lambda_2=\lambda_3=1$ 的特征向量：

(1) 求 A 的属于特征值-1 的特征向量；

(2) 求出矩阵 A 。

13. 设 A 与 B 相似，且

$$A=\begin{bmatrix}1 & -2 & -4\\ -2 & x & -2\\ -4 & -2 & 1\end{bmatrix},\quad B=\begin{bmatrix}5 & 0 & -4\\ 0 & -4 & -2\\ 0 & -2 & 1\end{bmatrix}$$

(1) 求出 x 与 y 的值；

(2) 求正交的可逆矩阵 P ，使

$$P^{-1}AP=B$$

14. 已知三阶方阵 A 的特征值为 1,-1,2，设矩阵

$$B=A^3-5A^2$$

试求：

(1) 矩阵 B 的特征值及与 B 相似的对角阵；

(2) $|B|$ 及 $|A-5E|$ （E 为三阶单位阵)。

第6章　二　次　型

在平面解析几何中，以坐标原点为中心的二次曲线方程一般形式为

$$ax^2+2bxy+cy^2=d$$

其左边是两个变量的二次型。为了研究该曲线的几何性质，我们可以选取适当的坐标旋转变换

$$\begin{cases}x=x'\cos\theta-y'\sin\theta\\y=x'\sin\theta+y'\cos\theta\end{cases}$$

可使二次曲线方程简化为

$$a'x'^2+c'y'^2=d$$

也就是将二元二次齐次函数

$$f(x,y)=ax^2+2bxy+cy^2$$

经过坐标变换变成新的二元二次函数

$$g(x',y')=a'x'^2+c'y'^2$$

目的是想通过$g(x',y')$的性质来研究$f(x,y)$的性质。在空间解析几何、物理学、力学中都有这样的问题，因此二次型的理论有着广泛的应用。本章主要介绍实系数二次型的性质及化简方法。

6.1　二次型及其矩阵表示法

定义 6.1　设 P 是一个数域，以 P 中的数作为系数的关于 $x_1,x_2,\cdots,x_n$ 的 n 元二次齐次函数

$$\begin{aligned}f(x_1,x_2,\cdots,x_n)=&a_{11}x_1^2+a_{22}x_2^2+a_{33}x_{13}^2+\cdots+a_{nn}x_n^2\\&+2a_{12}x_1x_2+2a_{13}x_1x_3+\cdots+2a_{n-1,n-1}x_{n-1}x_n\end{aligned}\tag{6.1}$$

为 $x_1,x_2,\cdots,x_n$ 在数域 P 上的一个 n 元二次型，简称二次型。如果 a_{ij} 都是实数，则式(6.1)表示的二次型为实二次型。在式(6.1)中称 x_i^2 为平方项，x_ix_j $(i\neq j)$ 为混合项(或交叉项)，其中 $i,j=1,2,\cdots,n$。

若规定 $a_{ij}=a_{ji}$，则有 $2a_{ij}x_ix_j=a_{ij}x_ix_j+a_{ji}x_jx_i$，于是式(6.1)的二次型可表示成

$$f(x_1,x_2,\cdots,x_n)=\sum_{i=1}^{n}\sum_{j=1}^{n}a_{ij}x_ix_j$$

还可以利用矩阵的运算，将式(6.1)表示为

$$f(x_1,x_2,\cdots,x_n)=[x_1,x_2,\cdots,x_n]\begin{bmatrix}a_{11}&a_{12}&\cdots&a_{1n}\\a_{21}&a_{22}&\cdots&a_{2n}\\\vdots&\vdots&&\vdots\\a_{n1}&a_{n2}&\cdots&a_{nn}\end{bmatrix}\begin{bmatrix}x_1\\x_2\\\vdots\\x_n\end{bmatrix}$$

这个式子称为二次型的矩阵表示形式。如果令

$$\boldsymbol{x}=\begin{bmatrix}x_1\\x_2\\\vdots\\x_n\end{bmatrix},\quad \boldsymbol{A}=\begin{bmatrix}a_{11}&a_{12}&\cdots&a_{1n}\\a_{21}&a_{22}&\cdots&a_{2n}\\\vdots&\vdots&&\vdots\\a_{n1}&a_{n2}&\cdots&a_{nn}\end{bmatrix},\quad a_{ij}=a_{ji}$$

则二次型(6.1)式可以表示为矩阵形式：

$$f=\boldsymbol{x}^{\mathrm{T}}\boldsymbol{A}\boldsymbol{x}$$

式中

$$\boldsymbol{A}^{\mathrm{T}}=\boldsymbol{A} \tag{6.2}$$

任给一个二次型，就唯一地确定一个对称阵；反之，任给一个对称阵，也可以唯一地确定一个二次型。这样，二次型与对称矩阵之间存在一一对应的关系。因此，我们把对称矩阵 $\boldsymbol{A}$ 叫作二次型 f 的矩阵，也把 f 叫作对称矩阵 $\boldsymbol{A}$ 的二次型。定义对称矩阵 $\boldsymbol{A}$ 的秩为二次型 f 的秩。

二次型的讨论与它的对称矩阵 A 有着密切的联系，因此已给一个二次型，如何写出它的矩阵就极为重要。其方法是：首先将二次型中乘积 $x_ix_j\ (i\neq j)$ 项的系数一半各写在矩阵 $\boldsymbol{A}$ 相互对称的 (i,j) 和 (j,i) 的位置上，然后将二次型中平方项 $x_i^{\ 2}$ 的系数写在矩阵 $\boldsymbol{A}$ 的对角线 (i,i) 的位置上。

例 6.1　写出二次型 $f=x_1^2-3x_2^2-6x_1x_2+4x_1x_3-x_2x_3$ 的矩阵表达形式及矩阵 $\boldsymbol{A}$。

解

$$f=[x_1\quad x_2\quad x_3]\begin{bmatrix}1&-3&2\\-3&-3&-\frac{1}{2}\\2&-\frac{1}{2}&0\end{bmatrix}\begin{bmatrix}x_1\\x_2\\x_3\end{bmatrix}$$

其中 $\boldsymbol{A}=\begin{bmatrix}1&-3&2\\-3&-3&-\frac{1}{2}\\2&-\frac{1}{2}&0\end{bmatrix}$ 是二次型 f 的矩阵。

例 6.2 已知对称矩阵

$$A=\begin{bmatrix}1 & -1 & 3 & 1\\ -1 & 0 & 2 & 0\\ 3 & 2 & -3 & -1\\ 1 & 0 & -1 & 0\end{bmatrix}$$

确定 $\boldsymbol{A}$ 的二次型 $f=\boldsymbol{x}^{\mathrm{T}}\boldsymbol{A}\boldsymbol{x}$。

解 $f(x_1,x_2,x_3,x_4)=x_1^{\ 2}-3x_3^{\ 2}-2x_1x_2+6x_1x_3+2x_1x_4+4x_2x_3-2x_3x_4$。

二次型的主要内容之一，就是用变量的线性变换来化简二次型。因此我们引入下面的定义。

定义 6.2 设 $x_1,x_2,\cdots,x_n$ 和 $y_1,y_2,\cdots,y_n$ 是两组变量。如果系数在数域 P 中的一组关系式

$$\left.\begin{aligned}x_1&=c_{11}y_1+c_{12}y_2+\cdots+c_{1n}y_n\\ x_2&=c_{21}y_1+c_{22}y_2+\cdots+c_{2n}y_n\\ &\ \vdots\\ x_n&=c_{n1}y_1+c_{n2}y_2+\cdots+c_{nn}y_n\end{aligned}\right\}\tag{6.3}$$

则称其为由 $x_1,x_2,\cdots,x_n$ 到 $y_1,y_2,\cdots,y_n$ 的一个线性变换，其矩阵形式为 $\boldsymbol{x}=\boldsymbol{C}\boldsymbol{y}$。其中

$$\boldsymbol{x}=\begin{bmatrix}x_1\\ x_2\\ \vdots\\ x_n\end{bmatrix},\quad \boldsymbol{C}=\begin{bmatrix}c_{11} & c_{12} & \cdots & c_{1n}\\ c_{21} & c_{22} & \cdots & c_{2n}\\ \vdots & \vdots & & \vdots\\ c_{n1} & c_{n2} & \cdots & c_{nn}\end{bmatrix},\quad \boldsymbol{y}=\begin{bmatrix}y_1\\ y_2\\ \vdots\\ y_n\end{bmatrix}$$

称系数矩阵 $\boldsymbol{C}$ 为线性变换矩阵；若 $\boldsymbol{C}$ 为可逆矩阵，则线性变换 $\boldsymbol{x}=\boldsymbol{C}\boldsymbol{y}$ 为可逆线性变换。

二次型 $f=\boldsymbol{x}^{\mathrm{T}}\boldsymbol{A}\boldsymbol{x}$ 经过线性变换 $\boldsymbol{x}=\boldsymbol{C}\boldsymbol{y}$ 后得

$$f=(\boldsymbol{C}\boldsymbol{y})^{\mathrm{T}}\boldsymbol{A}(\boldsymbol{C}\boldsymbol{y})=\boldsymbol{y}^{\mathrm{T}}(\boldsymbol{C}^{\mathrm{T}}\boldsymbol{A}\boldsymbol{C})\boldsymbol{y}=\boldsymbol{y}^{\mathrm{T}}\boldsymbol{B}\boldsymbol{y}$$

其中 $\boldsymbol{B}=\boldsymbol{C}^{\mathrm{T}}\boldsymbol{A}\boldsymbol{C}$，显然 $\boldsymbol{B}$ 为对称矩阵。因此我们引入以下定义。

定义 6.3 对于数域 $\boldsymbol{P}$ 上的 n 阶矩阵 $\boldsymbol{A}$ 和 $\boldsymbol{B}$，如果存在数域 $\boldsymbol{P}$ 上的 n 阶可逆矩阵 $\boldsymbol{C}$ 使得

$$\boldsymbol{B}=\boldsymbol{C}^{\mathrm{T}}\boldsymbol{A}\boldsymbol{C}$$

成立，则称矩阵 $\boldsymbol{B}$ 与 $\boldsymbol{A}$ 是合同的，记作 $\boldsymbol{A}\simeq\boldsymbol{B}$。

矩阵的合同关系具有以下性质。

(1) 反身性： $\boldsymbol{A}\simeq\boldsymbol{A}$；

(2) 对称性：如果 $\boldsymbol{A}\simeq\boldsymbol{B}$，则 $\boldsymbol{B}\simeq\boldsymbol{A}$；

(3) 传递性：如果 $\boldsymbol{A}\simeq\boldsymbol{B}$， $\boldsymbol{B}\simeq\boldsymbol{C}$，则 $\boldsymbol{A}\simeq\boldsymbol{C}$。

6.2 标 准 形

本节我们讨论的主要问题是：寻求一个可逆的线性变换 $\boldsymbol{x}=\boldsymbol{C}\boldsymbol{y}$ 代入二次型 $f=\boldsymbol{x}^{\mathrm{T}}\boldsymbol{A}\boldsymbol{x}$ 使得 $f=(\boldsymbol{C}\boldsymbol{y})^{\mathrm{T}}\boldsymbol{A}(\boldsymbol{C}\boldsymbol{y})=\boldsymbol{y}^{\mathrm{T}}(\boldsymbol{C}^{\mathrm{T}}\boldsymbol{A}\boldsymbol{C})\boldsymbol{y}=\boldsymbol{y}^{\mathrm{T}}\boldsymbol{B}\boldsymbol{y}$ 只含有平方项。

定义 6.4　如果二次型中只含有变量的平方项，即

$$f = \boldsymbol{x}^{\mathrm{T}}\boldsymbol{A}\boldsymbol{x} = \lambda_1 x_1^2 + \lambda_2 x_2^2 + \cdots + \lambda_n x_n^2$$

称此二次型为二次型的标准形。

本节首先介绍用可逆的线性变换 $\boldsymbol{x} = \boldsymbol{C}\boldsymbol{y}$ 化二次型为标准形，然后再介绍用配方法化二次型为标准形，最后介绍用正交矩阵法化二次型为标准形。

定理 6.1　数域 P 上的任一个二次型经过可逆的线性变换都可以化为标准形。

证明　略。

例 6.3　用可逆的线性变换化二次型

$$f = x_1^2 + 2x_1x_2 + 2x_1x_3 + 2x_2^2 + 4x_2x_3 + 5x_3^2$$

为标准形。

解
$$\begin{aligned} f &= (x_1^2 + 2x_1x_2 + 2x_1x_3) + 2x_2^2 + 4x_2x_3 + 5x_3^2 \\ &= (x_1 + x_2 + x_3)^2 + x_2^2 + 2x_2x_3 + 4x_3^2 \end{aligned}$$

令
$$\begin{cases} y_1 = x_1 + x_2 + x_3 \\ y_2 = x_2 \\ y_3 = x_3 \end{cases}$$

可得可逆的线性变换

$$\begin{cases} x_1 = y_1 - y_2 - y_3 \\ x_2 = y_2 \\ x_3 = y_3 \end{cases} \qquad \boldsymbol{C}_1 = \begin{bmatrix} 1 & -1 & -1 \\ 0 & 1 & 0 \\ 0 & 0 & 1 \end{bmatrix}$$

代入得
$$f = y_1^2 + y_2^2 + 2y_2y_3 + 4y_3^2$$

重复上面的方法得

$$\begin{aligned} f &= {y_1}^2 + ({y_2}^2 + 2y_2y_3 + {y_3}^2) + 3{y_3}^2 \\ &= {y_1}^2 + (y_2 + y_3)^2 + 3{y_3}^2 \end{aligned}$$

令
$$\begin{cases} z_1 = y_1 \\ z_2 = y_2 + y_3 \\ z_3 = y_3 \end{cases}$$

可得可逆的线性变换

$$\begin{cases} y_1 = z_1 \\ y_2 = z_2 - z_3 \\ y_3 = z_3 \end{cases} \qquad C_2 = \begin{bmatrix} 1 & 0 & 0 \\ 0 & 1 & -1 \\ 0 & 0 & 1 \end{bmatrix}$$

代入得标准形为

$$f = z_1^2 + z_2^2 + 3z_3^2$$

总的可逆线性变换的矩阵为

$$\boldsymbol{C} = \boldsymbol{C}_1\boldsymbol{C}_2 = \begin{bmatrix} 1 & -1 & -1 \\ 0 & 1 & 0 \\ 0 & 0 & 1 \end{bmatrix} \begin{bmatrix} 1 & 0 & 0 \\ 0 & 1 & -1 \\ 0 & 0 & 1 \end{bmatrix} = \begin{bmatrix} 1 & -1 & 0 \\ 0 & 1 & -1 \\ 0 & 0 & 1 \end{bmatrix}$$

即二次型 f 经过可逆的线性变换

$$\begin{cases} x_1 = z_1 - z_2 \\ x_2 = z_2 - z_3 \\ x_3 = z_3 \end{cases} \qquad \boldsymbol{x} = \boldsymbol{C}\boldsymbol{z}$$

可化为标准形

$$f = z_1^2 + z_2^2 + 3z_3^2$$

二次型 f 的矩阵

$$\boldsymbol{A} = \begin{bmatrix} 1 & 1 & 1 \\ 1 & 2 & 2 \\ 1 & 2 & 5 \end{bmatrix}$$

对于矩阵 $\boldsymbol{A}$ 可以找到矩阵 $\boldsymbol{C}$ 使得

$$\boldsymbol{C}^{\mathrm{T}}\boldsymbol{A}\boldsymbol{C} = \begin{bmatrix} 1 & 0 & 0 \\ 0 & 1 & 0 \\ 0 & 0 & 3 \end{bmatrix}$$

例 6.4　用可逆的线性变换化二次型

$$f = x_1x_2 + x_2x_3 + x_3x_1$$

为标准形。

解　此二次型中无平方项，所以我们先取一个可逆的线性变换为

$$\begin{cases} x_1 = y_1 - y_2 \\ x_2 = y_1 + y_2 \\ x_3 = y_3 \end{cases} \qquad \boldsymbol{C}_1 = \begin{bmatrix} 1 & -1 & 0 \\ 0 & 1 & 0 \\ 0 & 0 & 1 \end{bmatrix}$$

代入得

$$\begin{aligned} f &= (y_1 - y_2)(y_1 + y_2) + (y_1 + y_2)y_3 + y_3(y_1 - y_2) \\ &= y_1^2 - y_2^2 + 2y_1y_3 \\ &= (y_1 + y_3)^2 - y_2^2 - y_3^2 \end{aligned}$$

令

$$\begin{cases} z_1 = y_1 + y_3 \\ z_2 = y_2 \\ z_3 = y_3 \end{cases}$$

可解得可逆的线性变换为

$$\begin{cases} y_1 = z_1 - z_3 \\ y_2 = z_2 \\ y_3 = z_3 \end{cases} \qquad \boldsymbol{C}_2 = \begin{bmatrix} 1 & 0 & -1 \\ 0 & 1 & 0 \\ 0 & 0 & 1 \end{bmatrix}$$

代入得标准形

$$f = z_1^2 - z_2^2 - z_3^2$$

其中

$$C = C_1C_2 = \begin{bmatrix} 1 & -1 & 0 \\ 0 & 1 & 0 \\ 0 & 0 & 1 \end{bmatrix}\begin{bmatrix} 1 & 0 & -1 \\ 0 & 1 & 0 \\ 0 & 0 & 1 \end{bmatrix} = \begin{bmatrix} 1 & -1 & -1 \\ 1 & 1 & -1 \\ 0 & 0 & 1 \end{bmatrix}$$

二次型 f 的矩阵

$$A = \begin{bmatrix} 0 & \frac{1}{2} & \frac{1}{2} \\ \frac{1}{2} & 0 & \frac{1}{2} \\ \frac{1}{2} & \frac{1}{2} & 0 \end{bmatrix}$$

对于矩阵 A 可以找到矩阵 C 使得

$$C^{\mathrm{T}}AC = \begin{bmatrix} 1 & 0 & 0 \\ 0 & -1 & 0 \\ 0 & 0 & -1 \end{bmatrix}$$

于是有以下结论。

定理 6.2　数域 P 上的任一个对称矩阵都合同于一个对角矩阵。

下面通过例题进行说明如何求可逆矩阵 C 使 $C^{\mathrm{T}}AC$ 为对角矩阵。

例 6.5　设对称矩阵

$$A = \begin{bmatrix} 1 & 1 & 1 \\ 1 & 2 & 2 \\ 1 & 2 & 5 \end{bmatrix}$$

求可逆矩阵 C 使 $C^{\mathrm{T}}AC$ 为对角阵。

解

$$\begin{bmatrix} A \\ E \end{bmatrix} = \begin{bmatrix} 1 & 1 & 1 \\ 1 & 2 & 2 \\ 1 & 2 & 2 \\ 1 & 0 & 0 \\ 0 & 1 & 0 \\ 0 & 0 & 1 \end{bmatrix} \xrightarrow{c_2-c_1} \begin{bmatrix} 1 & 0 & 1 \\ 1 & 1 & 2 \\ 1 & 1 & 5 \\ 1 & -1 & 0 \\ 0 & 1 & 0 \\ 0 & 0 & 1 \end{bmatrix} \xrightarrow{r_2-r_1} \begin{bmatrix} 1 & 0 & 1 \\ 0 & 1 & 1 \\ 1 & 1 & 5 \\ 1 & -1 & 0 \\ 0 & 1 & 0 \\ 0 & 0 & 1 \end{bmatrix} \xrightarrow{c_3-c_1} \begin{bmatrix} 1 & 0 & 0 \\ 0 & 1 & 1 \\ 1 & 1 & 4 \\ 1 & -1 & -1 \\ 0 & 1 & 0 \\ 0 & 0 & 1 \end{bmatrix}$$

$$\xrightarrow{r_3-r_1} \begin{bmatrix} 1 & 0 & 0 \\ 0 & 1 & 1 \\ 0 & 1 & 4 \\ 1 & -1 & -1 \\ 0 & 1 & 0 \\ 0 & 0 & 1 \end{bmatrix} \xrightarrow{c_3-c_2} \begin{bmatrix} 1 & 0 & 0 \\ 0 & 1 & 0 \\ 0 & 1 & 3 \\ 1 & -1 & 0 \\ 0 & 1 & -1 \\ 0 & 0 & 1 \end{bmatrix} \xrightarrow{r_3-r_2} \begin{bmatrix} 1 & 0 & 0 \\ 0 & 1 & 0 \\ 0 & 0 & 3 \\ 1 & -1 & 0 \\ 0 & 1 & -1 \\ 0 & 0 & 1 \end{bmatrix}$$

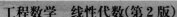

则可逆矩阵 $\boldsymbol{C}$ 为

$$C=\begin{bmatrix}1&-1&0\\0&1&-1\\0&0&1\end{bmatrix}$$

使得 $\boldsymbol{C}^{\mathrm{T}}\boldsymbol{AC}=\boldsymbol{\Lambda}=\begin{bmatrix}1&0&0\\0&1&0\\0&0&3\end{bmatrix}$。

由第 5 章我们知道，任给对称阵 $\boldsymbol{A}$，总有正交阵 $\boldsymbol{P}$，使得 $\boldsymbol{P}^{-1}\boldsymbol{AP}=\Lambda$，即 $\boldsymbol{P}^{\mathrm{T}}\boldsymbol{AP}=\Lambda$。于是有以下结论。

定理 6.3　任给二次型

$$f=\sum_{i=1}^{n}\sum_{j=1}^{n}a_{ij}x_ix_j\ (a_{ij}=a_{ji})$$

总有正交变换 $\boldsymbol{x}=\boldsymbol{Py}$，使得 f 化为标准形

$$f=\boldsymbol{x}^{\mathrm{T}}\boldsymbol{Ax}=\lambda_1y_1^2+\lambda_2y_2^2+\cdots+\lambda_ny_n^2$$

其中 $\lambda_1,\lambda_2,\cdots\lambda_n$ 是 f 的矩阵 $\boldsymbol{A}=(a_{ij})$ 的特征值。

由此定理知，利用正交变换可以将二次型化 $\boldsymbol{x}^{\mathrm{T}}\boldsymbol{Ax}$ 为标准形。用正交变换法化二次型标准形的一般步骤。

(1) 写出 $\boldsymbol{A}$ 的特征方程 $|\lambda\boldsymbol{E}-\boldsymbol{A}|=0$，求出 $\boldsymbol{A}$ 的全部特征值。

(2) 对于各个不同的特征值 λ，求出齐次线性方程组 $(\lambda\boldsymbol{E}-\boldsymbol{A})\boldsymbol{x}=0$ 的基础解系，即解空间的一个基底(但不一定是标准正交基)，然后把它们施密特正交化。

(3) 把上述求得的 $\boldsymbol{n}$ 个两两正交的单位特征向量作为矩阵 $\boldsymbol{T}$ 的列向量，$\boldsymbol{x}=\boldsymbol{Ty}$ 就是使二次型 $\boldsymbol{x}^{\mathrm{T}}\boldsymbol{Ax}$ 化为标准形 $\lambda_1y_1^2+\lambda_2y_2^2+\cdots+\lambda_ny_n^2$ 的正交变换。

例 6.6　求一个正交变换 $\boldsymbol{x}=\boldsymbol{Py}$，把二次型

$$f=x_1^2+x_3^2+2x_1x_2-2x_2x_3$$

化为标准形。

解　二次型的矩阵

$$\boldsymbol{A}=\begin{bmatrix}1&1&0\\1&0&-1\\0&-1&1\end{bmatrix}$$

其特征方程为

$$|\boldsymbol{A}-\lambda\boldsymbol{E}|=\begin{vmatrix}1-\lambda&1&0\\1&-\lambda&-1\\0&-1&1-\lambda\end{vmatrix}$$

即

$$(\lambda-2)(\lambda-1)(\lambda+1)=0$$

得 A 的特征值为

$$\lambda_1=2,\lambda_2=1,\lambda_3=-1$$

当 $\lambda_1=2$ 时，解方程 $(\boldsymbol{A}-2\boldsymbol{E})\boldsymbol{X}=0$，由

$$\boldsymbol{A}-2\boldsymbol{E}=\begin{bmatrix}-1 & 1 & 0\\ 1 & -2 & -1\\ 0 & -1 & -1\end{bmatrix}\xrightarrow{\text{行变换}}\begin{bmatrix}1 & 0 & -1\\ 0 & 1 & 0\\ 0 & 0 & 0\end{bmatrix}$$

得基础解系

$$\vec{\boldsymbol{P}}_1=[1\quad 1\quad -1]^{\mathrm{T}}$$

化为单位向量，得

$$\vec{\boldsymbol{q}}_1=\frac{1}{\sqrt{3}}[1\quad 1\quad -1]^{\mathrm{T}}$$

当 $\lambda_2=1$ 时，解方程 $(\boldsymbol{A}-\boldsymbol{E})\boldsymbol{X}=0$，由

$$\boldsymbol{A}-\boldsymbol{E}=\begin{bmatrix}0 & 1 & 0\\ 1 & -1 & -1\\ 0 & -1 & 0\end{bmatrix}\xrightarrow{r_2\leftrightarrow r_1}\begin{bmatrix}1 & -1 & -1\\ 0 & 1 & 0\\ 0 & -1 & 0\end{bmatrix}\xrightarrow[r_3+r_2]{r_1+r_2}\begin{bmatrix}1 & 0 & -1\\ 0 & 1 & 0\\ 0 & 0 & 0\end{bmatrix}$$

得基础解系

$$\vec{\boldsymbol{P}}_2=[1\quad 0\quad 1]^{\mathrm{T}}$$

化单位向量得

$$\vec{\boldsymbol{q}}_2=\frac{1}{\sqrt{2}}[1\quad 0\quad 1]^{\mathrm{T}}$$

当 $\lambda_3=-1$ 时，解方程 $(\boldsymbol{A}+\boldsymbol{E})\boldsymbol{X}=0$，由

$$\boldsymbol{A}+\boldsymbol{E}=\begin{bmatrix}2 & 1 & 0\\ 1 & 1 & -1\\ 0 & -1 & 2\end{bmatrix}\xrightarrow{\text{行变换}}\begin{bmatrix}1 & 0 & 1\\ 0 & 1 & -2\\ 0 & 0 & 0\end{bmatrix}$$

得基础解系

$$\vec{\boldsymbol{P}}_3=[-1\quad 2\quad 1]^{\mathrm{T}}$$

化单位向量得

$$\vec{\boldsymbol{q}}_3=\frac{1}{\sqrt{6}}[-1\quad 2\quad 1]^{\mathrm{T}}$$

$\vec{\boldsymbol{p}}_1$，$\vec{\boldsymbol{p}}_2$，$\vec{\boldsymbol{p}}_3$ 分别是 $\lambda_1=2,\lambda_2=1,\lambda_3=-1$ 的特征向量，所以 $\vec{\boldsymbol{q}}_1$，$\vec{\boldsymbol{q}}_2$，$\vec{\boldsymbol{q}}_3$ 两两正交。

由 $\vec{\boldsymbol{q}}_1$，$\vec{\boldsymbol{q}}_2$，$\vec{\boldsymbol{q}}_3$ 构成的矩阵

$$\boldsymbol{U}=(\vec{\boldsymbol{q}}_1,\ \vec{\boldsymbol{q}}_2,\ \vec{\boldsymbol{q}}_3)=\begin{bmatrix}\frac{1}{\sqrt{3}} & \frac{1}{\sqrt{2}} & -\frac{1}{\sqrt{6}}\\ \frac{1}{\sqrt{3}} & 0 & -\frac{2}{\sqrt{6}}\\ -\frac{1}{\sqrt{3}} & \frac{1}{\sqrt{2}} & \frac{1}{\sqrt{6}}\end{bmatrix}$$

则 $\boldsymbol{U}$ 正交矩阵，作正交变换 $\boldsymbol{X}=\boldsymbol{UY}$，即得到二次型 f 的标准形

$$f=2y_1^2+y_2^2-y_3^2$$

例 6.7　二次型 $f=x_1^2+x_2^2+x_3^3+2\alpha x_1x_2+2\beta x_2x_3+2x_1x_3$，经正交变换 $X=QY$ 化成标

准形 $f = y_2^2 + 2y_3^2$。求 α , β 。

解　变换前二次型矩阵为

$$A = \begin{bmatrix} 1 & \alpha & 1 \\ \alpha & 1 & \beta \\ 1 & \beta & 1 \end{bmatrix}$$

变换前后二次型矩阵为

$$B = \begin{bmatrix} 0 & & \\ & 1 & \\ & & 2 \end{bmatrix}$$

因为 $\boldsymbol{A} \sim \boldsymbol{B}$，它们的特征值相等。即有

$$|\lambda E - A| = |\lambda E - B|$$

所以 $\lambda^3 - 3\lambda^2 + (2 - \alpha^2 - \beta^2)\lambda + (\alpha - \beta) = \lambda^3 - 3\lambda^2 + 2\lambda$ 恒成立，解得 $\alpha = \beta = 0$ 。

6.3 规　范　形

由 6.2 节我们知道一个二次型的标准形不是唯一的，但这些二次型的标准形又有其共性，就是标准形中系数不为零的平方项的个数相同，并且系数为正的平方项的个数相同。

定义 6.5　n 元实二次型 $f = \boldsymbol{X}^{\mathrm{T}} \boldsymbol{A} \boldsymbol{X}$ 经过一个适当的可逆线性变换 $\boldsymbol{X} = \boldsymbol{C} \boldsymbol{X}$ 可以化成下述的标准形式：

$$f = c_1 x_1^2 + c_2 x_2^2 + \cdots + c_p x_p^2 - c_{p+1} x_{p+1}^2 - \cdots - c_r x_r^2 \tag{6.4}$$

其中 $c_i > 0, i = 1, 2, \cdots, r$；并且 r 是这个二次型的秩。

作可逆的线性变换

$$\begin{cases} y_1 = \dfrac{1}{\sqrt{c_1}} z_1, \\ \quad \vdots \\ y_r = \dfrac{1}{\sqrt{c_r}} z_r, \\ y_{r+1} = z_{r+1}, \\ \quad \vdots \\ y_n = z_n, \end{cases}$$

代入式(6.4)得

$$f = z_1^2 + \cdots + z_p^2 - z_{p+1}^2 - \cdots - z_r^2 \tag{6.5}$$

称式(6.5)为二次型 $f(x_1, x_2, \cdots, x_n)$ 的规范形。

它的特征是：只含平方项，且平方项的系数是 1,-1 或 0；系数为 1 的平方项都写在前面，系数为-1 平方项都写在后面，系数为 0 的不写。所以实二次型的规范形被两个自然数 p 和 r 决定。$f = \boldsymbol{X}^{\mathrm{T}} \boldsymbol{A} \boldsymbol{X}$ 的规范形是不是唯一呢？回答是肯定的。

定理 6.4　任一实二次型经过适当的可逆线性变换可化为规范形；且规范形是唯一的。

这个定理称为**惯性定理**，这里不予证明。

定义 6.6　在实二次型 $f(x_1,x_2,\cdots,x_n)$ 的规范形中正平方项的个数 p 称为 $f(x_1,x_2,\cdots,x_n)$ 的**正惯性指数**；负平方项的个数 $r-p$ 称为 $f(x_1,x_2,\cdots,x_n)$ 的**负惯性指数**；它们的差 $p-(r-p)=2p-r$，称为 $f(x_1,x_2,\cdots,x_n)$ 的**符号差**。

任一实对称矩阵 $\boldsymbol{A}$ 合同于一对角矩阵

$$\begin{bmatrix} E_p & & \\ & -E_r-p & \\ & & 0 \end{bmatrix}$$

其中 p 称为 $\boldsymbol{A}$ 的正惯性指数；$r-p$ 称为 $\boldsymbol{A}$ 负惯性指数；r 是矩阵 $\boldsymbol{A}$ 的秩。

例 6.8　求二次型

$$f=x_1^2+x_3^2+2x_1x_2-x_2x_3$$

的规范形。

解　由 6.2 节例 6.8 得 f 的标准形为

$$f=2y_1^2+y_3^2-y_3^2$$

令

$$\begin{cases} z_1=\dfrac{1}{\sqrt{2}}y_1 \\ z_2=y \\ z_3=y \end{cases}$$

得二次型 f 的规范形

$$f=2z_1^2+z_2^2-z_3^2$$

6.4　正定二次型与正定矩阵

本节我们将讨论实二次型中的一种特殊的二次型，称为正定二次型，它有着更广泛的应用。

定义 6.7　设有实二次型

$$f(x_1,x_2,\cdots,x_n)=\boldsymbol{X}^{\mathrm{T}}\boldsymbol{A}\boldsymbol{X}$$

如果对于任意非零向量 $\boldsymbol{X}$ 都有

$$f=\boldsymbol{X}^{\mathrm{T}}\boldsymbol{A}\boldsymbol{X}>0$$

恒成立，则称 f 为正定二次型。

定义 6.8　设 $\boldsymbol{A}$ 是实对称矩阵，如果二次型

$$\boldsymbol{X}^{\mathrm{T}}\boldsymbol{A}\boldsymbol{X}$$

是正定的，则矩阵 $\boldsymbol{A}$ 称为正定矩阵。

例 6.9　判断下列含有三个变量 x_1,x_2,x_3 的各二次型是否为正定二次型。

(1) $f=2x_1^2+x_2^2+5x_3^2$；

(2) $f=2x_1^2-x_2^2+5x_3^2$。

解　(1) 显然当 x_1,x_2,x_3 不全为零时总有

$$f = 2x_1^2 + x_2^2 + 5x_3^2 > 0$$

所以该二次型为正定二次型。

(2) 当 $x_1 = 0, x_2 \neq 0, x_3 = 0$ 时，有

$$f = 2x_1^2 - x_2^2 + 5x_3^2 < 0$$

所以该二次型不是正定二次型。

以上的例题都是标准的二次型，比较容易判断其是否为正定二次型。如果是一般的二次型，用定义来判断其是否为正定二次型，往往是很困难的，有时甚至是不可能的。下面给出判断二次型为正定二次型的判定定理。

定理 6.5　设实二次型 $f(x_1, x_2, \cdots, x_n) = \boldsymbol{X}^{\mathrm{T}}\boldsymbol{A}\boldsymbol{X}$，则下列命题等价：

(1) 实二次型 $f = \boldsymbol{X}^{\mathrm{T}}\boldsymbol{A}\boldsymbol{X}$ 是正定二次型；

(2) 实二次型 $f = \boldsymbol{X}^{\mathrm{T}}\boldsymbol{A}\boldsymbol{X}$ 的正惯性指数等于未知量的个数 n；

(3) 实二次型 $f = \boldsymbol{X}^{\mathrm{T}}\boldsymbol{A}\boldsymbol{X}$ 的矩阵 $\boldsymbol{A}$ 的所有特征值都是正数；

(4) 实二次型 $f = \boldsymbol{X}^{\mathrm{T}}\boldsymbol{A}\boldsymbol{X}$ 的矩阵 $\boldsymbol{A}$ 的各阶顺序主子是都大于 0，即

$$a_{11} > 0,\quad \begin{vmatrix} a_{11} & a_{12} \\ a_{21} & a_{22} \end{vmatrix} > 0,\quad \cdots,\quad \begin{vmatrix} a_{11} & a_{12} & \cdots & a_{1n} \\ a_{21} & a_{22} & \cdots & a_{2n} \\ \vdots & \vdots & & \vdots \\ a_{n1} & a_{n2} & \cdots & a_{nn} \end{vmatrix}$$

证明　略。

例 6.10　判断二次型

$$f(x_1, x_2, \cdots, x_n) = x_1^2 + 2x_1x_2 + 2x_2^2 + 4x_2x_3 + x_3^2$$

是否为正定二次型。

解 1　取 $x_1 = 0, x_2 = -1, x_3 = 1$，则 $f(0, -1, 1) = -1 < 0$，由定理 6.5 可得 $f(x_1, x_2, \cdots, x_n)$ 不是正定的。

解 2　化二次型为标准形得

$$\begin{aligned} f(x_1, x_2, \cdots, x_n) &= x_1^2 + 2x_1x_2 + 2x_2^2 + 4x_2x_3 + x_3^2 \\ &= (x_1 + x_2)^2 + (x_1 + 2x_3)^2 - 3x_3^2 \end{aligned}$$

令

$$\begin{cases} x_1 + x_2 = y_1 \\ x_2 + 2x_3 = y_2 \\ \qquad x_3 = y_3 \end{cases}$$

则

$$f = y_1^2 + y_2^2 - 3y_3^2$$

所以 f 的正惯性指数是 2，不等于未知量个数 3，由定理 6.5 可知 $f(x_1, x_2, \cdots, x_n)$ 不是正定的。

解 3　二次型的矩阵

$$\boldsymbol{A} = \begin{bmatrix} 1 & 1 & 0 \\ 1 & 2 & 2 \\ 0 & 2 & 1 \end{bmatrix}$$

A 的顺序主子式

$$1>0,\ \begin{vmatrix}1 & 1\\1 & 2\end{vmatrix}=1>0,\ \begin{vmatrix}1 & 1 & 0\\1 & 2 & 2\\0 & 2 & 1\end{vmatrix}=-3<0$$

由定理 6.5 可知 $f(x_1,x_2,\cdots,x_n)$ 不是正定的。

解 4　先求 $\boldsymbol{A}$ 的特征值，即由

$$|\lambda\boldsymbol{E}-\boldsymbol{A}|=\begin{vmatrix}\lambda-1 & -1 & 0\\-1 & \lambda-2 & -2\\0 & -2 & \lambda-1\end{vmatrix}=0$$

得

$$\lambda_1=1>0,\ \lambda_2=\frac{3+\sqrt{21}}{2}>0,\ \lambda_3=\frac{3-\sqrt{21}}{2}<0$$

由定理 6.5 可知 $f(x_1,x_2,x_3)$ 不是正定的。

例 6.11　求 λ 为何值时，实二次型

$$f(x_1,x_2,x_3)=5x_1^2+4x_1x_2+x_2^2-2x_1x_3+\lambda x_3^2-2x_2x_3$$

为正定二次型。

解　二次型所对应的矩阵

$$\boldsymbol{A}=\begin{bmatrix}5 & 2 & -1\\2 & 1 & -1\\-1 & -1 & \lambda\end{bmatrix}$$

A 的顺序主子式为

$$5>0,\begin{vmatrix}5 & 2\\2 & 1\end{vmatrix}=1>0,\begin{vmatrix}5 & 2 & -1\\2 & 1 & -1\\-1 & -1 & \lambda\end{vmatrix}=\lambda-2>0$$

所以要使 $f(x_1,x_2,\cdots,x_n)$ 是正定的，则应有 $\lambda-2>0$ 即 $\lambda-2$ 。

例 6.12　设三阶实对称矩阵 $\boldsymbol{A}$ 的特征值为 $-1,-2,3$ ，则当 t 取何值时

$$f(\boldsymbol{A})=\boldsymbol{A}^2+t\boldsymbol{A}+3\boldsymbol{E}$$

为正定矩阵。

解　使

$$f(\boldsymbol{A})=\boldsymbol{A}^2+t\boldsymbol{A}+3\boldsymbol{E}$$

为正定矩阵的充分必要条件是 $f(\boldsymbol{A})$ 的特征值都大于 0 。因为矩阵 $\boldsymbol{A}$ 的特征值为时，$-1,-2,3$ ，所以 $f(\boldsymbol{A})$ 的特征值为 $4+t,7-2t,12+3t$ 均大于 0 即 $-4<t<\dfrac{7}{2}$ 时， $f(\boldsymbol{A})$ 正定。

例 6.13　实二次型

$$f(x_1,x_2,\cdots,x_n)=d_1x_1^2+d_2x_2^2+\cdots+d_nx_n^2$$

是正定的充要条件是 $d_i>0\ (i=1,2,\cdots,n)$ 或 f 的正惯性指数为 n 。

证明　如果 $f=d_1x_1^2+d_2x_2^2+\cdots+d_nx_n^2$ 是正定的，假定 $d_1,d_2,\cdots,d_n$ 中的 $d_n\leqslant 0$ ，我们取不全为 0 的数，即 $x=0,\cdots,x_{n-1}=0,x_n=1$ ，则有 $f(0,\cdots,0,1)=d_n\leqslant 0$ 。因为 f 是正定的，所

以这是不可能的，即 $d_i>0(i=1,2,\cdots,n)$ 或 f 的正惯性指数为 n 。

反之如果 $d_i>0(i=1,2,\cdots,n)$，则对于任意不全为 0 的数 $c_1,c_2,\cdots,c_n$ 都有

$$f(c_1,c_2,\cdots,c_n)=d_1c_1^2+d_2c_2^2+\cdots+d_nc_n^2>0$$

所以 f 是正定。即 f 的正惯性指数为 n 。

例 6.14 已知实二次型 $f(x_1,x_2,x_3)=(x_1+cx_2)^2+(x_2+cx_3)^2+(x_3+cx_1)^2$ 正定，求 a, b, c 的关系。

解 由于 $f(x_1,x_2,x_3)$ 是平方和，又正定，所以 $(x_1+cx_2),(x_2+cx_3),(x_3+cx_1)$ 不同时为零。即等价于方程组

$$\begin{cases}x_1+ax_2=0\\x_2+bx_3=0\\x_3+cx_1=0\end{cases}$$

存在非零解，即

$$\begin{vmatrix}1&a&0\\0&1&b\\c&0&1\end{vmatrix}=1+abc\neq0$$

所以 $abc\neq-1$ 。

例 6.15 设矩阵 $\boldsymbol{A}=\begin{bmatrix}1&0&1\\0&2&0\\1&0&1\end{bmatrix}$，矩阵 $\boldsymbol{B}=(k\boldsymbol{E}+\boldsymbol{A})^2$，其中 k 为实数，$\boldsymbol{E}$ 为单位矩阵。

求对角矩阵 $\boldsymbol{\Lambda}$，使 $\boldsymbol{B}$ 与 $\boldsymbol{\Lambda}$ 相似，并求当 k 为何值时，$\boldsymbol{B}$ 正定。

解 先求特征值

令 $|\lambda\boldsymbol{E}-\boldsymbol{A}|=\begin{vmatrix}\lambda-1&0&-1\\0&\lambda-2&0\\-1&0&\lambda-1\end{vmatrix}=\lambda(\lambda-2)^2=0$

解得 $\lambda_1=\lambda_2=2,\lambda_3=0$ 。

设 $\boldsymbol{D}=\begin{bmatrix}2&0&0\\0&2&0\\0&0&0\end{bmatrix}$，则存在正交矩阵 $\boldsymbol{P}$，使得 $\boldsymbol{P}^{\mathrm{T}}\boldsymbol{AP}=\boldsymbol{D}$，即 $\boldsymbol{A}=\boldsymbol{PDP}^{\mathrm{T}}$ 。所以

$$\begin{aligned}\boldsymbol{B}&=(k\boldsymbol{E}+\boldsymbol{A})^2=(k\boldsymbol{PP}^{\mathrm{T}}+\boldsymbol{PDP}^{\mathrm{T}})^2=[\boldsymbol{P}(k\boldsymbol{E}+\boldsymbol{D})\boldsymbol{P}^{\mathrm{T}}]^2\\&=P[(k\boldsymbol{E}+\boldsymbol{D})]^2\boldsymbol{P}^{\mathrm{T}}=\boldsymbol{P}\begin{bmatrix}(k+2)^2&0&0\\0&(k+2)^2&0\\0&0&k^2\end{bmatrix}\boldsymbol{P}^{\mathrm{T}}\end{aligned}$$

故当 $k\neq-2$ 且 $k\neq0$ 时，$\boldsymbol{B}$ 的特征值全都大于零，故 $\boldsymbol{B}$ 正定。

习　　题

1．写出下列二次型的矩阵。

(1) $f(x_1,x_2)=3x_1^2-2x_1x_2+x_2^2$；

(2) $f(x_1,x_2,x_3)=(a_1x_1+a_2x_2+a_3x_3)^2$；

(3) $f(x_1,x_2,x_3,x_4)=x_1^2+3x_2^2-x_3^2+x_1x_2-2x_1x_3+3x_2x_3+x_4^2$；

(4) $f(x_1,x_2,x_3,x_4)=\boldsymbol{X}'\begin{bmatrix}1&2&3\\4&5&6\\7&8&9\end{bmatrix}\boldsymbol{X}$。

2．写出下列对称阵 $\boldsymbol{A}$ 对应的二次型 f。

(1) $\boldsymbol{A}=\begin{bmatrix}0&1\\1&0\end{bmatrix}$；

(2) $\boldsymbol{A}=\begin{bmatrix}1&1&0\\1&-1&2\\0&2&0\end{bmatrix}$；

(3) $\boldsymbol{A}=\begin{bmatrix}-1&\frac{1}{2}&1&-\sqrt{2}\\\frac{1}{2}&\sqrt{3}&3&-1\\1&3&0&\frac{\sqrt{2}}{2}\\-\sqrt{2}&-1&\frac{\sqrt{2}}{2}&-2\end{bmatrix}$。

3．设对称矩阵

$$\boldsymbol{A}=\begin{bmatrix}0&\frac{1}{2}&\frac{1}{2}\\\frac{1}{2}&0&\frac{1}{2}\\\frac{1}{2}&\frac{1}{2}&0\end{bmatrix}$$

求可逆矩阵 $\boldsymbol{C}$，使 $\boldsymbol{C}^{\mathrm{T}}\boldsymbol{A}\boldsymbol{C}$ 为对角阵。

4．用可逆的线性变换化下列二次型为标准形：

(1) $f=2x_1x_2+2x_1x_3-6x_2x_3$；

(2) $f(x_1,x_2,x_3)=x_2^2+2x_2^2-x_3^2+2x_1x_2-2x_1x_3$。

5．用配方法化二次型 $f=x_1^2+x_2^2+x_3^2+x_4^2+2x_1x_2+2x_2x_3+2x_3x_4$ 为标准形。

6．用正交变换化二次型为标准形：

(1) $f=2x_1x_2+2x_1x_3-2x_1x_4-2x_2x_3+2x_2x_4+2x_3x_4$；

(2) $x^2+2y^2+3z^2-4xy-4yz=1$。

7．已知二次型 $f(x_1,x_2,x_3)=(1-a)x_1^2+(1-a)x_2^2+2x_3^2+2(1+a)x_1x_2$ 的秩为 2。

(1) 求 a 的值；

(2) 求正交变换 $\boldsymbol{X}=\boldsymbol{QY}$ 把 $f(x_1,x_2,x_3)$ 化成标准形；

(3) 求 $f(x_1,x_2,x_3)=0$ 的解。

8．求下列二次型的秩与符号差。

(1) $f(x_1,x_2,x_3)=x_1^2+5x_1x_2-3x_2x_3$；

(2) $f(x_1,\cdots,x_4)=x_1x_2+x_2x_3-x_3x_4$；

(3) $f(x_1,\cdots,x_4)=x_1^2-2x_1x_2+2x_1x_3-2x_1x_4+x_2^2+2x_2x_3-4x_2x_4+x_3^2-2x_4^2$。

9．设二次型 $f(x_1,x_2,x_3)=\boldsymbol{X}^{\mathrm{T}}\boldsymbol{AX}=ax_1^2+2ax_2^2-2ax_3^2+2bx_1x_3\ (b>0)$；已知它的矩阵 $\boldsymbol{A}$ 的特征值之和为 1，特征值之积为−12。

(1) 求 a,b；

(2) 化二次型 a,b 为标准形；

(3) 写出此二次型的规范形。

10．设实二次型的

$$f=\sum_{i=1}^{n}\sum_{j=1}^{n}a_{ij}x_ix_j$$

的正负惯性指数分别为 p 和 q，而 $a_1,a_2,\cdots,a_p$ 为任意 p 个正数，$q_1,q_2,\cdots,q_p$ 为任意 q 个负数。

11．已知 $f(x_1,x_2,x_3,x_4)=2x_1x_2-6x_1x_3-6x_2x_4+2x_3x_4$，用正交变换化二次型为标准形，并指出二次型的秩及正负惯性指数。

12．判断下列二次型是否是正定的。

(1) $f=99x_1^2-12x_1x_2+48x_1x_3+130x_2^2-60x_1x_3+71x_3^2$；

(2) $f=\sum_{i=1}^{n}x_i^2+\sum_{i=1}^{n}x_ix_{i+1}$；

(3) $f=3x_1^2+2x_1x_2+2x_1x_3+3x_2^2+2x_2x_3+3x_3^2$。

13．假设二次型

$$f(x_1,x_2,x_3)=(x_1+ax_2-2x_3)^2+(2x_2+3x_3)^2+(x_1+3x_2+ax_3)^2,$$

求 a 的值。

14．设 A,B 均是 n 阶正定矩阵，证明 $A+B$ 也是正定的。

15．t 取何值时，下列二次型是正定的：

(1) $f(x_1,x_2,x_3)=x_1^2+x_2^2+5x_3^2+2tx_1x_2-2x_1x_3+4x_2x_3$；

(2) $f(x_1,x_2,x_3)=x_1^2+2tx_1x_2+10tx_1x_3+4x_2^2+6x_2x_3+x_3^2$；

(3) $f(x_1,x_2,x_3)=2x_1^2+2x_1x_2+x_2^2+tx_2x_3+x_3^2$；

(4) $f(x_1,x_2,x_3,x_4)=t(x_1^2+x_2^2+x_3^2)+2x_1x_2+2x_1x_3-2x_2x_3+x_4^2$。

16．已知 $f(x_1,x_2,x_3)=4x_1^2-3x_3^2+2ax_1x_2-4x_1x_3+8x_2x_3\ (a\leqslant 3)$，相应的实对称矩阵记为 $\boldsymbol{A}$，通过正交变换 $\boldsymbol{X}=\boldsymbol{QY}$ 化为标准型 $f(y_1,y_2,y_3)=y_1^2+6x_2^2+by_3^2$。求

(1)求 a, b；(2)求正交矩阵 $\boldsymbol{Q}$；(3)若 $\boldsymbol{B}=\boldsymbol{A}^*+t\boldsymbol{E}$，求 t 使 $\boldsymbol{B}$ 正定。

17．已知实对称矩阵 $\boldsymbol{A}$ 满足 $\boldsymbol{A}^3-4\boldsymbol{A}^2+5\boldsymbol{A}-2\boldsymbol{E}=\boldsymbol{O}$，证明 $\boldsymbol{A}$ 是正定矩阵。

习题参考答案

第 1 章

1．(1) −1；(2) 7；(3) 12；(4) −7；(5) 0

2．(1) $x=1$，$y=0$；(2) $x_1=-3$，$x_2=5$，$x_3=-4$

3．(1) 0；(2) 4；(3) 5；(4) 3

4．(1) 是，应取负号；(2) 是，应取正号

5．$a_{11}a_{24}a_{32}a_{43}$，$-a_{11}a_{24}a_{33}a_{42}$

6．(1) $a_{11}a_{22}-a_{12}a_{21}$；(2) $-abcd$

7．(1) 0；(2) 160；(3) −11；(4) 336；(5) −144；(6) $n!\left(1-\frac{1}{2}-\frac{1}{3}\cdots-\frac{1}{n}\right)$

8. 略

9. $x_1=0,x_2=1,x_3=2,\cdots,x_n=n-1$

10．(1) 0；(2) 0，0

11．(1) $D_{2n}=\prod_{i=1}^{n}(a_id_i-b_ic_i)$；(2) $1-a+a^2-a^3+a^4-a^5$

12．(1) $x=3$，$y=-2$，$z=2$　(2) $x_1=3$，$x_2=-4$，$x_3=-1$，$x_4=1$

(3) $x_1=-8$，$x_2=3$，$x_3=6$，$x_4=0$

13．$k\neq 2$，方程组就有唯一解

14．$b=\frac{(a+1)^2}{4}$时，齐次线性方程组有非零解

第 2 章

1．前者是行列式，后者是矩阵，矩阵和行列式不能相等

2．不是

3．不是

4．不相等($\boldsymbol{O}_{4\times2}\neq\boldsymbol{O}_{2\times4}$)

5．不相等($\boldsymbol{E}_2\neq\boldsymbol{E}_3$)。

6．BC　7．EFGH　8．CDE　9．D

10．(1) −10；(2) $\begin{bmatrix}4&-12&4\\19&-9&-5\end{bmatrix}$；(3) $18\begin{bmatrix}1&-1\\-1&1\end{bmatrix}$；

(4) $\begin{bmatrix}0&5&8\\0&-5&6\\2&9&0\end{bmatrix}$；(5) $\begin{bmatrix}6&-7&8\\20&-5&-6\end{bmatrix}$

11．$-11k^3$，11^4

12. 略

13. $3A-2B^{\mathrm{T}}=\begin{bmatrix}9&7\\-8&-10\\8&9\end{bmatrix}$，$AB=\begin{bmatrix}-2&8&-9\\0&-2&8\\-10&25&15\end{bmatrix}$

14. $\begin{bmatrix}-5&-9&6\\5&2&4\end{bmatrix}$

15. $\begin{bmatrix}\frac{1}{2}&0&-1\\-\frac{1}{2}&-2&3\\2&-2&1\end{bmatrix}$

16. 略

17. 提示：若 A,B,AB 是对称阵，则有 $A=A^{\mathrm{T}}$， $B=B^{\mathrm{T}}$， $AB=(AB)^{\mathrm{T}}$

18. $f(A)=\begin{bmatrix}0&0\\0&0\end{bmatrix}$。

19. $f(A)=\mathrm{diag}(-4,-3,0,5)$

20. nA。

21. $A^n=\begin{cases}4^k E & n=2k\\4^k A & n=2k+1\end{cases}$

22. $14^{n-1}\begin{bmatrix}1&2&3\\2&4&6\\3&6&9\end{bmatrix}$

23. BD

24. BC

25. ADFG

26. I

27. $-\frac{1}{70}$

28. $\frac{9}{2}$

29. (1) $\frac{1}{38}\begin{bmatrix}6&1\\4&7\end{bmatrix}$； (2) $\frac{1}{30}\begin{bmatrix}15&6\\0&2\end{bmatrix}$； (3) $\begin{bmatrix}3&-1\\-5&2\end{bmatrix}$；

(4) $\frac{1}{32}\begin{bmatrix}-56&-12&24\\14&7&-6\\-8&-4&8\end{bmatrix}$； (5) $\frac{1}{9}\begin{bmatrix}1&2&2\\2&1&-2\\2&-2&1\end{bmatrix}$； (6) $\frac{1}{13}\begin{bmatrix}-5&3&4\\3&6&-5\\4&-5&2\end{bmatrix}$

30. $\sqrt{6}\begin{bmatrix} 1 & 0 & 0 \\ 0 & \frac{1}{2} & 0 \\ 0 & 0 & \frac{1}{2} \end{bmatrix}$

31. (1) $\begin{bmatrix} -1 & -1 \\ 2 & 3 \end{bmatrix}$；　(2) $\begin{bmatrix} -2 & 2 & 1 \\ \frac{8}{3} & 5 & -\frac{2}{3} \end{bmatrix}$；

(3) $\begin{bmatrix} -4 & -4 \\ 3 & 4 \\ 5 & 6 \end{bmatrix}$；　(4) $\frac{1}{12}\begin{bmatrix} -28 & 19 \\ 8 & -5 \end{bmatrix}$

32. $\begin{bmatrix} 2 & 0 & 1 \\ 0 & 3 & 0 \\ 1 & 0 & 2 \end{bmatrix}$

33. $\frac{1}{4}\begin{bmatrix} 2 & 2 & -2 \\ -\frac{5}{2} & -\frac{3}{2} & \frac{7}{2} \\ -1 & -3 & 3 \end{bmatrix}$

34. (1) $\frac{1}{3}$；　(2) 9；　(3) −24

35. (1) $\frac{1}{2}$；　(2) 4；　(3) 54；　(4) $\frac{1}{54}$；　(5) $-\frac{1}{2}\left(\frac{23}{3}\right)^3$

36. 提示：$A^*A = |A|E$，$(A^{-1})^*A^{-1} = |A^{-1}|E$

37. 提示：$AA^* = |A|E$，$BB^* = |B|E$，$(AB)(AB)^* = |AB|E$

38. $A^{-1} = \frac{1}{4}(A+E)$；$(A-E)^{-1} = \frac{1}{2}(A+2E)$

39. $A^{-1} = \frac{1}{3}(A-E)$；$(A-2E)^{-1} = A+E$

40. $\begin{bmatrix} 3 & 0 & 0 \\ 0 & 2 & 0 \\ 0 & 0 & \frac{3}{2} \end{bmatrix}$

41. $-\frac{1}{6}(A+2E)$

42．(1) $\begin{bmatrix} 1 & -1 & 2 & 0 \\ 0 & 2 & 3 & 2 \\ 0 & 0 & 1 & -2 \\ 0 & 0 & 6 & 0 \end{bmatrix}$；　(2) $\begin{bmatrix} 2 & 1 & 2 \\ 0 & 2 & 3 \\ 2 & 1 & 0 \\ 0 & 1 & 3 \\ 0 & 0 & 1 \end{bmatrix}$

43．$\boldsymbol{A}^{\mathrm{T}} = \begin{bmatrix} 2 & -1 & 0 & 0 & 0 \\ 1 & 4 & 0 & 0 & 0 \\ 0 & 0 & 1 & 3 & 11 \\ 0 & 0 & 0 & 0 & 2 \\ 0 & 0 & 4 & 2 & 0 \end{bmatrix}$，　$|\boldsymbol{A}| = 180$

44．(1) $\begin{bmatrix} -2 & 1 & 0 & 0 \\ \frac{3}{2} & -\frac{1}{2} & 0 & 0 \\ 0 & 0 & -1 & \frac{3}{5} \\ 0 & 0 & 0 & \frac{1}{5} \end{bmatrix}$；(2) $\begin{bmatrix} 0 & 0 & \frac{1}{5} & \frac{2}{5} \\ 0 & 0 & -\frac{2}{5} & \frac{1}{5} \\ \frac{1}{11} & -\frac{4}{11} & 0 & 0 \\ \frac{2}{11} & \frac{3}{11} & 0 & 0 \end{bmatrix}$；

(3) $\begin{bmatrix} \frac{5}{22} & -\frac{3}{22} & 0 & 0 & 0 \\ \frac{2}{11} & \frac{1}{11} & 0 & 0 & 0 \\ 0 & 0 & \frac{1}{2} & 0 & 0 \\ 0 & 0 & 0 & \frac{1}{3} & 0 \\ 0 & 0 & 0 & 0 & \frac{1}{4} \end{bmatrix}$

45．(1) $\begin{bmatrix} \boldsymbol{A}_1^{-1} & \boldsymbol{O} & \boldsymbol{O} \\ \boldsymbol{O} & \boldsymbol{A}_2^{-1} & \boldsymbol{O} \\ \boldsymbol{O} & \boldsymbol{O} & \boldsymbol{A}_3^{-1} \end{bmatrix}$；(2) $\begin{bmatrix} \boldsymbol{O} & \boldsymbol{O} & \boldsymbol{B}_3^{-1} \\ \boldsymbol{O} & \boldsymbol{B}_2^{-1} & \boldsymbol{O} \\ \boldsymbol{B}_1^{-1} & \boldsymbol{O} & \boldsymbol{O} \end{bmatrix}$

第 3 章

1．(1)为标准形(行阶梯形，行最简形)；(1)和(4)为行阶梯形；(3)为初等矩阵；(1)和(4)为行最简形(行阶梯形)。

2．略

3．$r_3 + 3r_1$；　$\begin{bmatrix} 1 & 2 & 1 \\ 2 & 1 & 3 \\ 0 & 5 & 4 \end{bmatrix}$

4.～6. 略

7. $\boldsymbol{Q}=\begin{bmatrix}0&1&1\\1&0&0\\0&0&1\end{bmatrix}$

8. $\boldsymbol{P}=\begin{bmatrix}1&1&0\\0&1&0\\0&0&1\end{bmatrix}$；$\boldsymbol{Q}=\begin{bmatrix}1&-1&0\\0&1&0\\0&0&1\end{bmatrix}$

9.～10. 略

11. (1) $\begin{bmatrix}1&-3&7\\0&1&-3\\0&0&1\end{bmatrix}$；　(2) $\begin{bmatrix}\frac{7}{6}&\frac{2}{3}&-\frac{3}{2}\\-1&-1&2\\-\frac{1}{2}&0&\frac{1}{2}\end{bmatrix}$；

(3) $-\frac{1}{9}\begin{bmatrix}-3&0&3\\-3&-9&3\\1&-6&-4\end{bmatrix}$；　(4) $-\frac{1}{5}\begin{bmatrix}-4&1&1&1\\1&-4&1&1\\1&1&-4&1\\1&1&1&-4\end{bmatrix}$；

(5) $\begin{bmatrix}0&0&0&1\\0&0&\frac{1}{2}&0\\0&\frac{1}{3}&0&0\\\frac{1}{4}&0&0&0\end{bmatrix}$；　(6) $\begin{bmatrix}1&1&-2&-4\\0&1&0&-1\\-1&-1&3&6\\2&1&-6&-10\end{bmatrix}$

12. (1) $\boldsymbol{X}=\begin{bmatrix}-20&-24\\8&10\\5&6\end{bmatrix}$；　(2) $\boldsymbol{X}=\begin{bmatrix}-2&1&1\\-\frac{3}{4}&\frac{5}{4}&-\frac{1}{2}\end{bmatrix}$；　(3) $\boldsymbol{X}=\begin{bmatrix}3&-2\\-4&-1\\1&2\end{bmatrix}$

13. $\boldsymbol{X}=-\frac{1}{7}\begin{bmatrix}5&6&3\\3&5&6\\6&3&5\end{bmatrix}$

14. (1) $\boldsymbol{P}=\begin{bmatrix}\frac{1}{2}&\frac{3}{2}\\1&2\end{bmatrix}$，$\boldsymbol{PA}=\begin{bmatrix}1&0&2\\0&1&3\end{bmatrix}$；

(2) $\boldsymbol{Q}=\frac{1}{2}\begin{bmatrix}-1&-1&1\\1&1&1\\4&6&-2\end{bmatrix}$，$\boldsymbol{QA}=\begin{bmatrix}1&0\\0&1\\0&0\end{bmatrix}$

15. (1) 1；　(2) $-\frac{1}{2}$；　(3) 1　(4) $\boldsymbol{R}(\boldsymbol{A})$, 0

16. C

17．D

18．(1) 3；　(2) 2；　(3) 2；　(4) 3；　(5) 3；　(6) 2

19．因为 $\begin{vmatrix} -1 & 2 & -3k \\ 1 & -2k & 3 \\ -k & 2 & -3 \end{vmatrix} = 6(1-k)^2(k+2)$，所以当 $k=1$ 时，$R(\boldsymbol{A})=1$；当 $k=-2$ 时，$R(\boldsymbol{A})=2$；当 $k\neq 1$，$k\neq -2$ 时，$R(\boldsymbol{A})=3$。

20．因为

$$\begin{bmatrix} 1 & 1 & 2 & 1 & 3 \\ 2 & a & 1 & 2 & 6 \\ 4 & 5 & 5 & b & 12 \end{bmatrix} \xrightarrow{r} \begin{bmatrix} 1 & 1 & 2 & 1 & 3 \\ 0 & a-2 & -3 & 0 & 0 \\ 0 & 1 & -3 & b-4 & 0 \end{bmatrix} \xrightarrow{r} \begin{bmatrix} 1 & 1 & 2 & 1 & 3 \\ 0 & 1 & -3 & b-4 & 0 \\ 0 & a-3 & 0 & -b+4 & 0 \end{bmatrix}$$

所以当秩为 2 时，$a=3, b=4$。

21．当 $a=1$，$b=-3$ 时，$R(\boldsymbol{A})=3$；当 $a=1$，$b\neq -3$ 时，或当 $a\neq 1$ 时，$R(\boldsymbol{A})=4$。

22．当 $k\neq 1$，$k\neq -3$ 时，$R(\boldsymbol{A})=4$；当 $k=1$ 时，$R(\boldsymbol{A})=1$；当 $k=-3$ 时，$R(\boldsymbol{A})=3$。

23．$R(\boldsymbol{AB})\leqslant n$

24．由 $n>1$ 知，$R(\boldsymbol{AB})\leqslant 1$，因为 $R(\boldsymbol{A})=1$，在 $\boldsymbol{A}$ 中有 $a_i\neq 0$；$R(\boldsymbol{B})=1$，在 $\boldsymbol{B}$ 中有 $b_j\neq 0$。所以在 $\boldsymbol{AB}$ 中有 $a_i b_j\neq 0$，$R(\boldsymbol{AB})\geqslant 1$。故 $R(\boldsymbol{AB})=1$，$|\boldsymbol{AB}|=0$。

25．提示：设 $R(\boldsymbol{A})=r$，则

$$\boldsymbol{A}\to\boldsymbol{F}=\begin{bmatrix} \boldsymbol{E}_r & \boldsymbol{O} \\ \boldsymbol{O} & \boldsymbol{O} \end{bmatrix}=\begin{bmatrix} \boldsymbol{S}_1 & \boldsymbol{O} \\ \boldsymbol{O} & \boldsymbol{O} \end{bmatrix}+\begin{bmatrix} \boldsymbol{S}_2 & \boldsymbol{O} \\ \boldsymbol{O} & \boldsymbol{O} \end{bmatrix}+\cdots+\begin{bmatrix} \boldsymbol{S}_r & \boldsymbol{O} \\ \boldsymbol{O} & \boldsymbol{O} \end{bmatrix}$$

其中 $\boldsymbol{S}_i$ 是 (i,i) 元素是 1，其余元素是零的 r 阶方阵，$R(\boldsymbol{S}_i)=1\ (i=1,2,\cdots,r)$。

26．略

27．C

28．1，−1

29．$\begin{cases} x_1=2c_1-3c_2+2c_3 \\ x_2=c_1 \\ x_3=c_2 \\ x_4=c_3 \end{cases} \quad (c_1,c_2,c_3\in\mathbf{R})$

30．$\begin{cases} x_1=-2c_1-2c_2+3 \\ x_2=3c_1+3c_2-2 \\ x_3=c_1 \\ x_4=c_2 \end{cases} \quad (c_1,c_2\in\mathbf{R})$

31．$\begin{cases} x_1=-c-8 \\ x_2=c+13 \\ x_3=c \\ x_4=2 \end{cases} \quad (c\in\mathbf{R})$

32. (1) $$A=\begin{bmatrix}1&1&2&-1\\2&1&1&-1\\2&2&1&2\end{bmatrix}\xrightarrow{r}\begin{bmatrix}1&0&0&-\frac{4}{3}\\0&1&0&3\\0&0&1&-\frac{4}{3}\end{bmatrix}$$

解向量为

$$\begin{bmatrix}x_1\\x_2\\x_3\\x_4\end{bmatrix}=c\begin{bmatrix}\frac{4}{3}\\-3\\\frac{4}{3}\\1\end{bmatrix},\quad c\in\mathbf{R}$$

(2) $$A=\begin{bmatrix}2&3&0&-4\\1&2&3&0\\0&1&6&4\end{bmatrix}\xrightarrow{r}\begin{bmatrix}1&0&-9&-8\\0&1&6&4\\0&0&0&0\end{bmatrix}$$

解向量为

$$\begin{bmatrix}x_1\\x_2\\x_3\\x_4\end{bmatrix}=c_1\begin{bmatrix}9\\-6\\1\\0\end{bmatrix}+c_2\begin{bmatrix}8\\-4\\0\\1\end{bmatrix},\quad c_1,c_2\in\mathbf{R}$$

(3) $$A=\begin{bmatrix}2&-3&-2&1\\3&5&4&-2\\8&7&6&-3\end{bmatrix}\xrightarrow{r}\begin{bmatrix}1&0&\frac{2}{19}&-\frac{1}{19}\\0&1&\frac{14}{19}&-\frac{7}{19}\\0&0&0&0\end{bmatrix}$$

解向量为

$$\begin{bmatrix}x_1\\x_2\\x_3\\x_4\end{bmatrix}=c_1\begin{bmatrix}-\frac{2}{19}\\-\frac{14}{19}\\1\\0\end{bmatrix}+c_2\begin{bmatrix}\frac{1}{19}\\\frac{7}{19}\\0\\1\end{bmatrix},\quad c_1,c_2\in\mathbf{R}$$

(4) $$A=\begin{bmatrix}1&-1&1\\3&-2&-1\\3&-1&5\\-2&2&3\end{bmatrix}\xrightarrow{r}\begin{bmatrix}1&0&0\\0&1&0\\0&0&1\\0&0&0\end{bmatrix}$$

$R(A)=3$，方程组有唯一零解，$\begin{cases}x_1=0\\x_2=0\\x_3=0\end{cases}$。

(5) $\boldsymbol{A}=\begin{bmatrix}3&4&-5&7\\2&-3&3&-2\\4&11&-13&16\\7&-2&1&3\end{bmatrix}\xrightarrow{r}\begin{bmatrix}1&0&-\frac{3}{17}&\frac{13}{17}\\0&1&-\frac{19}{17}&\frac{20}{17}\\0&0&0&0\\0&0&0&0\end{bmatrix}$

解向量为

$$\begin{bmatrix}x\\y\\z\\w\end{bmatrix}=c_1\begin{bmatrix}\frac{3}{17}\\\frac{19}{17}\\1\\0\end{bmatrix}+c_2\begin{bmatrix}-\frac{13}{17}\\-\frac{20}{17}\\0\\1\end{bmatrix},\ c_1,c_2\in\mathbf{R}$$

(6) $\boldsymbol{A}=\begin{bmatrix}1&-2&3&-4\\0&1&-1&1\\1&3&0&-3\\1&-4&3&-2\end{bmatrix}\xrightarrow{r}\begin{bmatrix}1&0&0&0\\0&1&0&-1\\0&0&1&-2\\0&0&0&0\end{bmatrix}$

解向量为

$$\begin{bmatrix}x\\y\\z\\w\end{bmatrix}=c\begin{bmatrix}0\\1\\2\\1\end{bmatrix},\ c\in\mathbf{R}$$

33．(1) $\boldsymbol{B}=\begin{bmatrix}1&-5&2&-3&11\\-3&1&-4&2&-5\\-1&-9&0&-4&17\end{bmatrix}\xrightarrow{r}\begin{bmatrix}1&0&\frac{9}{7}&-\frac{1}{2}&1\\0&1&-\frac{1}{7}&\frac{1}{2}&-2\\0&0&0&0&0\end{bmatrix}$

解向量为

$$\begin{bmatrix}x_1\\x_2\\x_3\\x_4\end{bmatrix}=c_1\begin{bmatrix}-\frac{9}{7}\\\frac{1}{7}\\1\\0\end{bmatrix}+c_2\begin{bmatrix}\frac{1}{2}\\-\frac{1}{2}\\0\\1\end{bmatrix}+\begin{bmatrix}1\\-2\\0\\0\end{bmatrix},\ c_1,c_2\in\mathbf{R}$$

(2) $$\boldsymbol{B}=\begin{bmatrix}2 & 1 & -1 & 1 & 1\\ 3 & -2 & 1 & -3 & 4\\ 1 & 4 & -3 & 5 & -2\end{bmatrix}\xrightarrow{r}\begin{bmatrix}1 & 0 & -\frac{1}{7} & -\frac{1}{7} & \frac{6}{7}\\ 0 & 1 & -\frac{5}{7} & \frac{9}{7} & -\frac{5}{7}\\ 0 & 0 & 0 & 0 & 0\end{bmatrix}$$

解向量为

$$\begin{bmatrix}x_1\\ x_2\\ x_3\\ x_4\end{bmatrix}=c_1\begin{bmatrix}\frac{1}{7}\\ \frac{5}{7}\\ 1\\ 0\end{bmatrix}+c_2\begin{bmatrix}\frac{1}{7}\\ -\frac{9}{7}\\ 0\\ 1\end{bmatrix}+\begin{bmatrix}\frac{6}{7}\\ -\frac{5}{7}\\ 0\\ 0\end{bmatrix},\quad c_1,c_2\in\mathbf{R}$$

(3) $$\boldsymbol{B}=\begin{bmatrix}1 & -2 & 3 & -4 & 4\\ 0 & 1 & -1 & 1 & -3\\ 1 & 3 & 0 & 1 & 1\\ 0 & -7 & 3 & 1 & -3\end{bmatrix}\xrightarrow{r}\begin{bmatrix}1 & 0 & 0 & 0 & -8\\ 0 & 1 & 0 & 0 & 3\\ 0 & 0 & 1 & 0 & 6\\ 0 & 0 & 0 & 1 & 0\end{bmatrix}$$

$R(\boldsymbol{A})=R(\boldsymbol{B})=4$，方程组有唯一解

$$\begin{bmatrix}x_1\\ x_2\\ x_3\\ x_4\end{bmatrix}=\begin{bmatrix}-8\\ 3\\ 6\\ 0\end{bmatrix}$$

(4) $$\boldsymbol{B}=\begin{bmatrix}1 & 1 & -1 & -1 & 1\\ 2 & 1 & 1 & 1 & 4\\ 4 & 3 & -1 & -1 & 6\\ 1 & 2 & -4 & -4 & -1\end{bmatrix}\xrightarrow{r}\begin{bmatrix}1 & 0 & 2 & 2 & 3\\ 0 & 1 & -3 & -3 & -2\\ 0 & 0 & 0 & 0 & 0\\ 0 & 0 & 0 & 0 & 0\end{bmatrix}$$

解向量为

$$\begin{bmatrix}x_1\\ x_2\\ x_3\\ x_4\end{bmatrix}=c_1\begin{bmatrix}-2\\ 3\\ 1\\ 0\end{bmatrix}+c_2\begin{bmatrix}-2\\ 3\\ 0\\ 1\end{bmatrix}+\begin{bmatrix}3\\ -2\\ 0\\ 0\end{bmatrix},\quad c_1,c_2\in\mathbf{R}$$

(5) $$\boldsymbol{B}=\begin{bmatrix}1 & -1 & -1 & 1 & 0\\ 1 & -1 & 1 & -3 & 1\\ 1 & -1 & -2 & 3 & -\frac{1}{2}\end{bmatrix}\xrightarrow{r}\begin{bmatrix}1 & -1 & 0 & -1 & \frac{1}{2}\\ 0 & 0 & 1 & -2 & \frac{1}{2}\\ 0 & 0 & 0 & 0 & 0\end{bmatrix}$$

解向量为

$$\begin{bmatrix} x_1 \\ x_2 \\ x_3 \\ x_4 \end{bmatrix} = c_1 \begin{bmatrix} 1 \\ 1 \\ 0 \\ 0 \end{bmatrix} + c_2 \begin{bmatrix} 1 \\ 0 \\ 2 \\ 1 \end{bmatrix} + \begin{bmatrix} \frac{1}{2} \\ 0 \\ \frac{1}{2} \\ 0 \end{bmatrix},\ c_1, c_2 \in \mathbf{R}$$

(6) $$\boldsymbol{B} = \begin{bmatrix} 1 & 1 & 1 & 1 & 1 & 7 \\ 3 & 2 & 1 & 1 & -3 & -2 \\ 0 & 1 & 2 & 2 & 6 & 23 \\ 5 & 4 & 3 & 3 & -1 & 12 \end{bmatrix} \xrightarrow{r} \begin{bmatrix} 1 & 0 & -1 & -1 & -5 & -16 \\ 0 & 1 & 2 & 2 & 6 & 23 \\ 0 & 0 & 0 & 0 & 0 & 0 \\ 0 & 0 & 0 & 0 & 0 & 0 \end{bmatrix}$$

解向量为

$$\begin{bmatrix} x_1 \\ x_2 \\ x_3 \\ x_4 \\ x_5 \end{bmatrix} = c_1 \begin{bmatrix} 1 \\ -2 \\ 1 \\ 0 \\ 0 \end{bmatrix} + c_2 \begin{bmatrix} 1 \\ -2 \\ 0 \\ 1 \\ 0 \end{bmatrix} + c_3 \begin{bmatrix} 5 \\ -6 \\ 0 \\ 0 \\ 1 \end{bmatrix} + \begin{bmatrix} -16 \\ 23 \\ 0 \\ 0 \\ 0 \end{bmatrix},\ c_1, c_2, c_3 \in \mathbf{R}$$

34. $|\boldsymbol{A}| = \begin{vmatrix} 2 & -1 & 1 \\ 1 & \lambda & -1 \\ \lambda & 1 & 1 \end{vmatrix} = (1+\lambda)(4-\lambda)$，当 $\lambda \neq -1$ 或 $\lambda \neq 4$ 时，方程组只有零解。

35. $|\boldsymbol{A}| = \begin{vmatrix} 1 & 2 & 3 \\ 2 & \lambda & 1 \\ -1 & 3 & 2 \end{vmatrix} = 5(\lambda+1)$，当 $\lambda = -1$ 时，方程组有非零解。

36. $|\boldsymbol{A}| = \begin{vmatrix} \lambda & 1 & 1 \\ 1 & \lambda & 1 \\ 1 & 1 & \lambda \end{vmatrix} = (2+\lambda)(\lambda-1)^2$，当 $\lambda \neq -2$，$\lambda \neq 1$ 时，方程组有唯一解。

当 $\lambda = -2$ 时，$R(\boldsymbol{A}) = 2$，$R(\boldsymbol{B}) = 3$，方程组无解。

当 $\lambda = 1$ 时，$R(\boldsymbol{A}) = R(\boldsymbol{B}) = 1 < 3$，方程组有无穷多解。

对应的方程组为 $x_1 = -x_2 - x_3 + 1$，令 $x_2 = c_1, x_3 = c_2$，则方程组的解向量为

$$\begin{bmatrix} x_1 \\ x_2 \\ x_3 \end{bmatrix} = c_1 \begin{bmatrix} -1 \\ 1 \\ 0 \end{bmatrix} + c_2 \begin{bmatrix} -1 \\ 0 \\ 1 \end{bmatrix} + \begin{bmatrix} 1 \\ 0 \\ 0 \end{bmatrix},\ c_1, c_2 \in \mathbf{R}$$

37. $$\boldsymbol{B} = \begin{bmatrix} 1 & 1 & 1 & 1 & 1 & 1 \\ 3 & 2 & 1 & 1 & -3 & a \\ 0 & 1 & 2 & 2 & 6 & 3 \\ 5 & 4 & 3 & 3 & -1 & b \end{bmatrix} \xrightarrow{r} \begin{bmatrix} 1 & 0 & -1 & -1 & -5 & -2 \\ 0 & 1 & 2 & 2 & 6 & 3 \\ 0 & 0 & 0 & 0 & 0 & a \\ 0 & 0 & 0 & 0 & 0 & b-2 \end{bmatrix}$$

当 $a = 0$，$b = 2$ 时，有解。其通解为

$$\begin{cases} x_1 = c_1 + c_2 + 5c_3 - 2 \\ x_2 = -2c_1 - 2c_2 - 6c_3 + 3 \\ x_3 = c_1 \\ x_4 = c_2 \\ x_5 = c_3 \end{cases} \qquad c_1, c_2, c_3 \in \mathbf{R}$$

38．提示：令 $\boldsymbol{A} = \begin{bmatrix} a_{11} & a_{12} & \cdots & a_{1n} \\ a_{21} & a_{22} & \cdots & a_{2n} \\ \vdots & \vdots & & \vdots \\ a_{n1} & a_{n2} & \cdots & a_{nn} \end{bmatrix}$，

$$\overline{\boldsymbol{A}} = \begin{bmatrix} a_{11} & a_{12} & \cdots & a_{1n} & b_1 \\ a_{21} & a_{22} & \cdots & a_{2n} & b_2 \\ \vdots & \vdots & & \vdots & \vdots \\ a_{n1} & a_{n2} & \cdots & a_{nn} & b_n \end{bmatrix}, \quad \boldsymbol{B} = \begin{bmatrix} a_{11} & a_{12} & \cdots & a_{1n} & b_1 \\ a_{21} & a_{22} & \cdots & a_{2n} & b_2 \\ \vdots & \vdots & & \vdots & \vdots \\ a_{n1} & a_{n2} & \cdots & a_{nn} & b_n \\ b_1 & b_2 & \cdots & b_n & 0 \end{bmatrix}$$

因为 $\overline{\boldsymbol{A}}$ 比 $\boldsymbol{A}$ 多一列，$\boldsymbol{B}$ 比 $\overline{\boldsymbol{A}}$ 多一行，故

$$r(\boldsymbol{A}) \leqslant r(\overline{\boldsymbol{A}}) \leqslant r(\boldsymbol{B})$$

而由题设 $r(\boldsymbol{A}) = r(\boldsymbol{B})$，所以 $r(\boldsymbol{A}) = r(\overline{\boldsymbol{A}})$，所以原方程组有解。

第4章

1．(1) $(-7,24,21)^{\mathrm{T}}$；　(2) $(0,0,0)^{\mathrm{T}}$。

2．(1) $\boldsymbol{\beta} = 2\boldsymbol{\varepsilon}_1 - \boldsymbol{\varepsilon}_2 + 5\boldsymbol{\varepsilon}_3 + \boldsymbol{\varepsilon}_4$；　(2) $\boldsymbol{\beta} = -11\boldsymbol{\alpha}_1 + 14\boldsymbol{\alpha}_2 - 9\boldsymbol{\alpha}_3$

3．(1) 线性无关；(2) 线性相关，$\boldsymbol{\alpha}_3 = -2\boldsymbol{\alpha}_1 - \dfrac{5}{2}\boldsymbol{\alpha}_2$；(3) 线性无关

4．略

5．(1)当 $a = -10$ 时，$\boldsymbol{\alpha}_1, \boldsymbol{\alpha}_2, \boldsymbol{\alpha}_3$ 线性相关；(2) $a \neq -10$ 时，$\boldsymbol{\alpha}_1, \boldsymbol{\alpha}_2, \boldsymbol{\alpha}_3$ 线性无关。

6．略

7．(1) $\boldsymbol{\alpha}_1, \boldsymbol{\alpha}_2, \boldsymbol{\alpha}_4$ 或 $\boldsymbol{\alpha}_1, \boldsymbol{\alpha}_2, \boldsymbol{\alpha}_5$ 或 $\boldsymbol{\alpha}_1, \boldsymbol{\alpha}_3, \boldsymbol{\alpha}_4$ 或 $\boldsymbol{\alpha}_1, \boldsymbol{\alpha}_3, \boldsymbol{\alpha}_5$ 均为极大无关组，从而秩为 3。
(2) $R(\boldsymbol{\alpha}_1, \boldsymbol{\alpha}_2, \boldsymbol{\alpha}_3) = 2$，$\boldsymbol{\alpha}_1, \boldsymbol{\alpha}_2$ 是一个极大无关组。

8．极大无关组是 $\boldsymbol{\alpha}_1, \boldsymbol{\alpha}_2, \boldsymbol{\alpha}_4$，$(2,-1,0,0,0)^{\mathrm{T}} = 2(1,0,0,0,0)^{\mathrm{T}} - (0,1,0,0,0)^{\mathrm{T}} + 0 \cdot (1,-2,1,0,0)^{\mathrm{T}}$
$(2,0,3,-1,3)^{\mathrm{T}} = 2(1,1,2,2,1)^{\mathrm{T}} - (0,2,1,5,-1)^{\mathrm{T}} + 0 \cdot (1,1,0,4,-1)^{\mathrm{T}}$。

9．$\boldsymbol{\beta}_1, \boldsymbol{\beta}_2, \boldsymbol{\beta}_4$ 是 $\boldsymbol{\beta}_1, \boldsymbol{\beta}_2, \cdots, \boldsymbol{\beta}_5$ 的一个极大无关组且及秩为 3。

10．略

11．(1) 基础解系 $\boldsymbol{\xi} = (0,2,1,0)^{\mathrm{T}}$，$\boldsymbol{x} = c(0,2,1,0)^{\mathrm{T}}$；

(2) 基础解系 $\boldsymbol{\xi}_1 = \left(-\dfrac{1}{2}, -\dfrac{1}{2}, \dfrac{1}{2}, 1, 0\right)^{\mathrm{T}}, \boldsymbol{\xi}_2 = \left(\dfrac{7}{8}, \dfrac{5}{8}, -\dfrac{5}{8}, 0, 1\right)^{\mathrm{T}}$

$$\boldsymbol{x} = c_1\left(-\frac{1}{2}, -\frac{1}{2}, \frac{1}{2}, 1, 0\right)^{\mathrm{T}} + c_2\left(\frac{7}{8}, \frac{5}{8}, -\frac{5}{8}, 0, 1\right)^{\mathrm{T}}$$

12. (1) $\boldsymbol{\xi}_1=(-1,-1,0,1)^{\mathrm{T}},\boldsymbol{\xi}_2=\left(-\frac{7}{5},-\frac{1}{5},1,0\right)^{\mathrm{T}}$

$$\boldsymbol{x}=\left(\frac{16}{5},\frac{3}{5},0,0\right)^{\mathrm{T}}+c_1(-1,-1,0,1)^{\mathrm{T}}+c_2\left(-\frac{7}{5},-\frac{1}{5},1,0\right)^{\mathrm{T}};$$

(2) $\boldsymbol{\xi}_1=(1,-2,0,1,0)^{\mathrm{T}},\boldsymbol{\xi}_2=(5,-6,0,0,1)^{\mathrm{T}}$

$$\boldsymbol{x}=(-16,23,0,0,0)^{\mathrm{T}}+c_1(1,-2,0,1,0)^{\mathrm{T}}+c_2(5,-6,0,0,1)^{\mathrm{T}}$$

13. 当λ=1 时，方程组有解。$x=(1,-1,0)^{\mathrm{T}}+(-1,2,1)^{\mathrm{T}}$。

14. $\begin{cases}2x_1-3x_2+x_4=0\\x_1-3x_3+2x_4=0\end{cases}$

15. 是

16. 略

17. $\boldsymbol{x}=\left(1,\frac{1}{2},-\frac{1}{2}\right)^{\mathrm{T}}$

第5章

1. $\lambda_1=2$，$\lambda_2=3$；$\boldsymbol{\alpha}_1=\begin{bmatrix}1\\-1\end{bmatrix}$，$\boldsymbol{\alpha}_2=\begin{bmatrix}1\\-2\end{bmatrix}$ 不正交。

2. (1) $\lambda_1=0$，$\lambda_2=0$，$\lambda_3=-3$。

$$\boldsymbol{\alpha}_1=k_1\begin{bmatrix}0\\2\\1\end{bmatrix},\quad \boldsymbol{\alpha}_2=k_2\begin{bmatrix}-2\\1\\1\end{bmatrix},\quad \boldsymbol{\alpha}_3=k_3\begin{bmatrix}0\\1\\-1\end{bmatrix}$$

(2) $\lambda_1=\lambda_2=\lambda_3=2$，$\lambda_4=-2$。

$$\boldsymbol{\alpha}_1=k_1\begin{bmatrix}1\\1\\0\\0\end{bmatrix}+k_2\begin{bmatrix}1\\0\\1\\0\end{bmatrix}+k_3\begin{bmatrix}1\\0\\0\\1\end{bmatrix},\quad \boldsymbol{\alpha}_2=k_4\begin{bmatrix}1\\-1\\-1\\-1\end{bmatrix}$$

3. $\lambda=6$

4. $\boldsymbol{A}=\frac{1}{3}\begin{bmatrix}-1&0&2\\0&1&2\\2&2&0\end{bmatrix}$

5. 略

6. $x=0$，$y=1$

7. (1) $x=1$，$y=2$；　　(2) $\boldsymbol{P}=\begin{bmatrix}1&2&4\\0&0&3\\0&1&-4\end{bmatrix}$

8. $A^n=\frac{1}{2}\begin{bmatrix}1+3^n & 1-3^n\\ 1-3^n & 1+3^n\end{bmatrix}$

9. $\boldsymbol{A}^{100}=\begin{bmatrix}1 & 0 & 5^{100}-1\\ 0 & 5^{100} & 0\\ 0 & 0 & 5^{100}\end{bmatrix}$

10. 略

11. (1) $\boldsymbol{P}=\begin{bmatrix}\frac{1}{\sqrt{3}} & \frac{1}{\sqrt{2}} & \frac{1}{\sqrt{6}}\\ \frac{1}{\sqrt{3}} & -\frac{1}{\sqrt{2}} & \frac{1}{\sqrt{6}}\\ -\frac{1}{\sqrt{3}} & 0 & \frac{2}{\sqrt{6}}\end{bmatrix}$, $\boldsymbol{A}=\begin{bmatrix}0 & 0 & 0\\ 0 & 1 & 1\\ 0 & 0 & 3\end{bmatrix}$;

(2) $\boldsymbol{P}=\begin{bmatrix}-\frac{1}{\sqrt{2}} & -\frac{1}{\sqrt{6}} & \frac{1}{\sqrt{3}}\\ \frac{1}{\sqrt{2}} & -\frac{1}{\sqrt{6}} & \frac{1}{\sqrt{3}}\\ 0 & \frac{2}{\sqrt{3}} & \frac{1}{\sqrt{3}}\end{bmatrix}$, $\boldsymbol{A}=\begin{bmatrix}1 & 0 & 0\\ 0 & 1 & 0\\ 0 & 0 & 1\end{bmatrix}$;

(3) $\boldsymbol{P}=\begin{bmatrix}\frac{1}{\sqrt{2}} & 0 & \frac{1}{2} & -\frac{1}{2}\\ 0 & \frac{1}{\sqrt{2}} & \frac{1}{2} & \frac{1}{2}\\ 0 & \frac{1}{\sqrt{2}} & -\frac{1}{2} & \frac{1}{2}\\ \frac{1}{\sqrt{2}} & 0 & -\frac{1}{2} & -\frac{1}{2}\end{bmatrix}$, $\boldsymbol{A}=\begin{bmatrix}1 & 0 & 0 & 0\\ 0 & 1 & 0 & 0\\ 0 & 0 & 3 & 0\\ 0 & 0 & 0 & -1\end{bmatrix}$

12. (1) $k\begin{bmatrix}-1\\ 1\\ 0\end{bmatrix}$, $k\neq 0$; (2) $\boldsymbol{A}=\begin{bmatrix}0 & 1 & 0\\ 1 & 0 & 0\\ 0 & 0 & 1\end{bmatrix}$

13. (1) $x=4$, $y=5$; (2) $\boldsymbol{P}=\begin{bmatrix}\frac{1}{\sqrt{2}} & \frac{2}{3} & \frac{1}{3\sqrt{2}}\\ 0 & \frac{1}{3} & -\frac{4}{3\sqrt{2}}\\ -\frac{1}{\sqrt{2}} & \frac{2}{3} & \frac{1}{3\sqrt{2}}\end{bmatrix}$

14. (1) $\boldsymbol{B}$ 的特征值为 $-4,6,12$，$\boldsymbol{A}=\begin{bmatrix}-4 & 0 & 0\\ 0 & -6 & 0\\ 0 & 0 & -12\end{bmatrix}$;

(2) $-288,-72$

第6章

1．(1) $\begin{bmatrix} 3 & -1 \\ -1 & 1 \end{bmatrix}$；　(2) $\begin{bmatrix} a_1^2 & a_1a_2 & a_1a_3 \\ a_2a_1 & a_2^2 & a_2a_3 \\ a_3a_1 & a_3a_2 & a_3^2 \end{bmatrix}$；

(3) $\begin{bmatrix} 1 & \frac{1}{2} & -1 & 0 \\ \frac{1}{2} & 3 & \frac{3}{2} & 0 \\ -1 & \frac{3}{2} & -1 & 0 \\ 0 & 0 & 0 & 1 \end{bmatrix}$；(4) $\begin{bmatrix} 1 & 3 & 5 \\ 3 & 5 & 7 \\ 5 & 7 & 9 \end{bmatrix}$

2．(1) $f(x_1,x_2)=2x_1x_2$；

(2) $f(x_1,x_2,x_3)=x_1^2-x_2^2+2x_1x_2+4x_2x_3$；

(3) $f(x_1,x_2,x_3,x_4)=-x_1^2+\sqrt{3}x_2^2-2x_4^2+x_1x_2+2x_1x_3$

$$-2\sqrt{2}x_1x_4+6x_2x_3-2x_2x_4+\sqrt{2}x_3x_4$$

3．$\begin{bmatrix} 1 & -\frac{1}{2} & -1 \\ 1 & \frac{1}{2} & -1 \\ 0 & 0 & 1 \end{bmatrix}$

4．(1) $f=2{y_1}^2-2{y_2}^2+6{y_3}^2$；(2) $f={y_1}^2+{y_2}^2-3{y_3}^2$

5．$f={y_1}^2+{y_2}^2+2{y_3}^2-2{y_4}^2$

6．(1) $f=-3{y_1}^2+{y_2}^2+{y_3}^2+{y_4}^2$；(2) $2x^{*2}+5y^{*2}-z^{*2}=1$

7．(1) $a=0$；

(2) 可取$\boldsymbol{Q}=\begin{bmatrix} \frac{1}{\sqrt{2}} & 0 & \frac{1}{\sqrt{2}} \\ \frac{1}{\sqrt{2}} & 0 & -\frac{1}{\sqrt{2}} \\ 0 & 1 & 0 \end{bmatrix}$，则$f=-2{y_1}^2+2{y_2}^2$，其中$k$为任意常数；

(3) 通解为：$k(1,-1,0)^{\mathrm{T}}$

8．(1) 秩为3，符号差为1；(2) 秩为4，符号差为0；(3) 秩为3，符号差为1

9．(1) $a=1,b=2$；(2) $f={y_1}^2+2{y_2}^2-{y_3}^2$；(3) $f={z_1}^2+{z_2}^2-{z_3}^2$

10．证明：f可以通过可逆线性变换化为

$$g=a_1y_1^2+\cdots+a_py_p^2+b_1y_{p+1}^2+\cdots+b_qy_{p+q}^2$$

提示：设 f 通过可逆线性变换化为规范形

$$f = z_1^2 + \cdots + z_p^2 - z_{p+1}^2 - \cdots - z_{p+q}^2$$

令 $z_1 = \sqrt{a_1} y_1, \cdots, z_p = \sqrt{a_p} y_p, z_{p+1} = \sqrt{-b_1} y_{p+1}, \cdots, z_{p+q} = \sqrt{-b_q} y_{p+q}$，其余的 $z_i = y_i$，代入得 g 即可。

11． $\boldsymbol{Q} = \begin{bmatrix} \frac{1}{2} & \frac{1}{2} & \frac{1}{2} & \frac{1}{2} \\ -\frac{1}{2} & \frac{1}{2} & \frac{1}{2} & -\frac{1}{2} \\ -\frac{1}{2} & -\frac{1}{2} & \frac{1}{2} & \frac{1}{2} \\ \frac{1}{2} & -\frac{1}{2} & \frac{1}{2} & -\frac{1}{2} \end{bmatrix}$； $f = 2y_1^2 + 4y_2^2 - 2y_3^2 - 4y_4^2$； $r = 4, p = q = 2$

12．(1) 正定的；(2) 正定的；(3) 正定的

13． $a \neq 1$

14．提示：利用定义

15．(1) 当 $-\frac{4}{5} < t < 0$ 时，是正定的；

(2) 对任意 t，不是正定的；

(3) 当 $-\sqrt{2} < t < \sqrt{2}$ 时，是正定的；

(4) 当 $t > 2$ 时，是正定的。

16. (1) $-a = 2$， $b = -6$；

(2) $\boldsymbol{Q} = \begin{bmatrix} -\frac{2}{\sqrt{5}} & \frac{1}{\sqrt{30}} & \frac{1}{\sqrt{6}} \\ 0 & \frac{5}{\sqrt{30}} & -\frac{1}{\sqrt{6}} \\ \frac{1}{\sqrt{5}} & \frac{2}{\sqrt{30}} & \frac{2}{\sqrt{6}} \end{bmatrix}$；

(3) $t > 36$ 时， $\boldsymbol{B}$ 正定。

17．提示： $\boldsymbol{A}$ 的特征值满足 $\lambda^3 - 4\lambda^2 + 5\lambda - 2 = 0$， λ 的取值为 $1, 1, 2$ 都大于零，所以 $\boldsymbol{A}$ 正定。

参 考 文 献

[1] 同济大学数学系．工程数学　线性代数[M]．5 版．北京：高等教育出版社，2007．

[2] 陈维新．线性代数简明教程[M]．2 版．北京：科学出版社，2007．

[3] 北京大学数学系几何与代数教研室．高等代数[M]．3 版．北京：高等教育出版社，2003．

[4] 鲁春明．线性代数[M]．北京：中国农业出版社，2003.

[5] 新世纪高等职业教育教材编审委员会．新编工程数学[M]．大连：大连理工大学出版社，2001．

[6] 丘维声．简明线性代数[M]．北京：科学出版社，2002．